「設計力」こそがダントツ製品を生み出す

やみくも先行開発を打破する7つの設計力

寺倉 修［著］

日刊工業新聞社

はじめに

　製造業は今、100年に一度の変革期を迎えたと言われている。IoTやAIの急速な進化と普及は、モノづくりが新たな段階に入りつつあることの明確なシグナルである。こうした世の中の動きを先取りするかたちで、自動車メーカー各社は、従来の自前主義を脱し、すでにAIなどをめぐりIT企業との協業を始めている。当然、部品メーカーも自動運転化や電動化を踏まえ、今までとは異なるシステム部品への取り組みを模索する企業が増えている。

　もちろん、社会環境がいかに変わろうと、製造業の基本はお客様が満足する商品を提供することにあり、それを踏まえたうえで、競合メーカーに対し優位性を保ち続けることである。これはAI化などにかかわらず、普遍的に取り組まねばならない課題であることは言うまでもない。

　本書は「お客様の信頼を勝ち得、競合に勝つ」との普遍的な価値を命題とし、そのもっともシンプルな目標として「世界No.1製品の実現」をテーマに掲げている。具体的には、世界No.1製品であるための「ダントツの性能」と「ダントツのコスト」達成への取り組みだ。この取り組みは「先行開発段階の設計力」と、この設計力のアウトプットを受ける「量産設計段階の設計力」から構成される。後者「量産設計段階の設計力」については、2009年に上梓した『「設計力」こそが品質を決める』（日刊工業新聞社刊）で取り上げた。そこでいう設計力とは、市場で品質不具合を出さない取り組み、つまり、「先行段階の設計力」で見極めたダントツ目標値を品質120％で達成する（100万個造っても1個たりとも不具合を出さない）取り組みであった。一方、2014年に上梓した『「設計力」を支えるデザインレビューの実際』（日刊工業新聞社刊）

はじめに

は、先行段階、量産段階の二つの設計力の相互作用を高める活動を表したものである。

本書では、主に「先行開発段階の設計力」を取り上げている（一部、量産設計とのつなぎの部分ではそのエッセンスを紹介している）。まずはダントツ目標の基本コンセプトをいかにして決めるか、どのようにしてその目標を実現（技術的な目途付け）するかなどを検討していく。ターゲットとなる製品の選定から、ダントツ目標の設定、及びその目標値を実現するまでの取り組みまでを詳説するとともに、目標の実現に必要となる先行開発段階の全プロセスを紹介し、実現に際して満たすべき要件、実現を阻害する要因の打破について掘り下げて解説している。更に、世界No.1の製品への取り組みをイメージしてもらうためにいくつか事例を紹介する。ダントツ目標とは、実は身近にあるということを示す例、ダントツスピードの開発例など、「競合に勝つ」ための取り組みを学ぶ。最後に世界No.1製品の取り組みに必要な設計者個人のありよう（あるべき姿）についても取り上げている。

*

製造業は設計段階の取り組みが品質・コストの80％を決めるとの現実がある。これが設計力の強化に取り組まなければならない理由である。そして先述のように、この設計力の強化は2つの面で捉えなければならない。1つは「品質」。市場で品質不具合を出さない取り組みを行うこと（量産設計段階の設計力）。もう1つは、競合メーカーに対し「優位性」を確保するということだ（先行開発段階の設計力）。この2つの取り組みが相まって真の優位性を確保でき、製造業として初めて成長することが可能となる。

本書によって、先行開発段階の設計力は「いかにあるべきか」「何を取り上げるべきか」「どのように取り組むべきか」がご理解いただければ幸いである。モノづくりの変革期の今こそ、基本に立ち返った取り組

みが一層重要となってきている。読者諸氏の奮起とチャレンジを期待したい。

2018年2月　著者

目 次

はじめに ………………………………………………………………… i

第1章
先行開発は何のために行うのか ………………… 1

- 1-1 設計にしかできないこと ………………………………………… 2
- 1-2 図面が内蔵する問題点は現場力ではカバーできない ………… 4
- 1-3 現場力で設計力の目標を超えることはできない ……………… 6
- 1-4 なぜ世界No.1を目指すのか …………………………………… 7
- 1-5 世界NO.1製品とはQ・C・Dの一つ以上がダントツであること … 8
- 1-6 ダントツの目標値と設計段階の大きな流れ …………………… 9
  - 1-6-1 先行開発では、ダントツ目標値と照らし合わせて実現見通しを探る ……………………………………… 10
  - 1-6-2 量産設計では目標値を品質120％の達成を取り組む ……… 11
- 1-7 それぞれの段階の取り組みは、Wモデルで表現できる ……… 13
- 1-8 先行開発段階の活動で使われるツール ………………………… 15

第2章
先行開発で仕込む ダントツ目標 ……………………… 17

2-1　ダントツ目標を実現する先行開発の流れ ……………… 18
- 2-1-1　新製品開発をスタートできる環境をつくる ……………… 18
- 2-1-2　選択と集中で開発体制を確保 …………………………… 19
- 2-1-3　新製品選定の基本方針を決める ………………………… 20
- 2-1-4　新製品を具体的に選定する ……………………………… 24
- 2-1-5　選定した製品を世界NO.1にする開発方針を決める ……… 29
- 2-1-6　システムから要求される真のニーズを把握する ………… 32
- 2-1-7　ダントツコストを見極め、実現する …………………… 39
- 2-1-8　先行開発事例まとめ ……………………………………… 43

2-2　ダントツ目標が満たす4要件 ……………………………… 46
- 2-2-1　真のニーズとダントツの目標値 …………………………… 46
- 2-2-2　ダントツ目標が満たすべき4要件 ………………………… 48
- 2-2-3　目標実現のためのプロセスとは ………………………… 58
- 2-2-4　ダントツ目標値の実現のための阻害要因の打破 ………… 67
- 2-2-5　先行開発段階の7つの設計力要素とは …………………… 76
- 2-2-6　先行開発段階の7つの設計力要素を構成するもの ……… 79
- 2-2-7　設計力から導かれるプロセスフローのアウトプットとは … 86
- 2-2-8　先行開発で仕込むダントツ目標のまとめ ………………… 94

第3章

ダントツ目標設定とプロセス管理 …………… 97

- 3-1 先行開発の基本プロセスに品質機能展開を活用する ………… 98
  - Step1　要求品質を明らかにするため市場動向などの情報収集 ………… 98
  - Step2　上位システムの中での担当製品の重み付け ……………………… 100
  - Step3　ダントツを狙う品質特性の絞り込み …………………………… 101
- 3-2 ダントツ目標設定に必要なロードマップ……………………………… 104
  - 3-2-1　ロードマップとは …………………………………………… 104
  - 3-2-2　ロードマップの基本パターン ……………………………… 105
  - 3-2-3　ロードマップは市場を誘引する …………………………… 106
  - 3-2-4　ロードマップを創る体制 …………………………………… 110
  - 3-2-5　ロードマップのパターン …………………………………… 112

第4章

先行開発を量産につなげる 7つの設計力 …………… 115

- 4-1 量産設計の流れ ……………………………………………………… 117
  - 4-1-1　量産設計での目標値の設定 ………………………………… 118
  - 4-1-2　構想設計 ……………………………………………………… 124
  - 4-1-3　詳細設計 ……………………………………………………… 125
  - 4-1-4　試作品評価 …………………………………………………… 129
- 4-2 120％品質を確保する7つの量産設計の設計力要素 ………… 131
- 4-3 先行開発を量産につなげる7つの設計力まとめ ……………… 155

第5章

ダントツ製品を目指した取り組み事例 …… 161

- 5-1 コスト1/2を達成した例 ………………………… 162
- 5-2 ダントツのスピードを達成した例 ……………… 166
- 5-3 システムの変化点はダントツ新製品開発の機会 …… 168

第6章

淘汰の時代に生き残る設計者像 …… 171

- 6-1 世界No.1製品を目指す設計者とは ……………… 172
- 6-2 自然はだませない―設計力で乗り越えるべきもの ……… 176
- 6-3 CADの前に座るまでが勝負、そのためには設計力を磨く …… 179
- 6-4 課題解決の99％は未だ5合目 …………………… 182
- 6-5 世界No.1を目指した経験者の言葉 ……………… 184

おわりに ……………………………………………… 187
索引 …………………………………………………… 189

第1章

先行開発は
何のために行うのか

製造業は100年に一度の変革期を迎えたと言われる。IoT（モノのインターネット：Internet of Things）やAI（人工知能：Artificial Intelligence）の急速な進化と普及は、ものづくりが新たな段階に入りつつあることを示している。

この動きを受けて、自動車メーカーが従来の自前主義を脱し、AIなどの専門メーカーとの協業に動き出した。そして自動車部品メーカーでも、自動運転化や電動化の流れを踏まえ、今までとは異なるシステム部品への取り組みを模索する企業が増えてきている。

とはいえ、ものづくりを取り巻く環境がいかに変わろうと、製造業の基本は、お客様に満足いただく商品を提供することにあり、より多くのお客様に自社の製品を選んでもらわねばならない、そのためには、競合メーカーに対し優位性を保ち続けることが基本である。従って、AI化などにかかわらず、競合メーカー対し優位性を保ち続ける取り組みを忘れてはならない。これは、ものづくりの環境がいかに変わろうと普遍的に取り組まねばならない課題である。世界で勝つ製品づくりをしなければならないのである。

1-1　設計にしかできないこと

ものづくりにおいては、設計力と現場力を両立しなければならないことは言をまたない。設計力については、『「設計力」こそが品質を決める』や『「設計力」を支えるデザインレビューの実際』（共に日刊工業新聞社刊）で詳しく著してきた。これらの本では、品質120%を達成する、品質不具合を出さないための切り口をメイン据え、設計力を取り上げた。

しかし、品質不具合を防ぐ取り組みだけでは、世界に勝つことはでき

ない。いうまでもなく、競合に優るコンセプト（機能、性能、信頼性、コストなど）を有さねばならない。競合に優るコンセプトの実現と品質120%の達成を両立すること、これが勝てる可能性だ。

　この競合に優るコンセプトの実現は、品質120%達成に設計力が必要であると同じく、設計力が大きな役割を果す。それがこの本の主題である。

　2017年は、製造業の品質不祥事問題に明け暮れた感がある。多くの企業で、出荷検査データに不正があったと報道されている。しかし、検査データの不正はあってはならないことである。そのため、対策として不正にデータを書き換えることができないよう、検査データ記録を自動化するなどの対策が言われている。

　しかし、検査の現場がデータの書き換えをせざる得ない状況に至ったその背景こそを、課題と捉えねばならない。つまり、源流工程での課題把握が大切だ。なぜ、データを書き換えねばならなかったのか。それは、量産されたものが、達成すべき仕様書を満足していなかったからである（満足していれば書き換えの必要はない）。

　仕様書は、開発設計段階では設計目標値である。ものづくりは、まず設計目標値を決め、開発設計段階で目標値を達成できる技術的目途付けする。技術的目途付けとは、設計目標値（バラツキ）に影響する全ての要因を抽出し、各要因の目標値への影響を定量的に明らかにし、全ての要因が許容値内（公差内）で最悪に振れても設計目標値を満足するよう、設計の諸元を抑えることである。

　つまり、これらの要因のバラツキの影響を踏まえ、設計諸元は決められるのである。その要因は、量産ラインの各工程のバラツキや加工能力や作業バラツキなども当然含まれる。現場の実力をしっかり把握した上で、設計目標値が達成できるかを見極める。

　例えば、加工バラツキが設計の要求範囲を満足せず、バラツキの端の

ものができてしまったとする。それでは設計目標値を満足しないなら、現場と議論し、どうこの課題の方向付けをするかがクリアできるまで取り組まねばならない。そして、どうしても設計目標値を満たすことができないとの判断に至れば、目標値の見直し、すなわち仕様書の見直しを行うことになる。仕様書の見直しは納入先との調整も必要で、通常時間を要する。その間、生産が止められないとすると、全数出荷検査などで選別を行い、良品のみを納めることになる。

どちらにしろ、源流である開発設計段階でしっかりと対応できているか、それが後の工程に大きく影響する。開発設計段階で成立していないものは、後工程では是正できない。

1-2 図面が内蔵する問題点は現場力ではカバーできない

筆者は、仕事柄プロジェクターをよく使うのだが、映している資料の説明にはレーザポインタを用いている。レーザポインタで資料を指し示しながら、このような問いかけをする。

「レーザポインタの電気接点が、設計目標値100,000回に対し、接点部の応力計算に間に間違いがあり1,000回で壊れる設計になってしまったとします。設計者はその間違いに気付かずに図面を製造工程へ送りました。出来上がった製品は100,000万回もつでしょうか」。

もちろん、返ってくる答えは「否」だ。これは重要な意味を含んでおり、設計力と現場力の立ち位置が表れている。設計段階で設計ミスをすれば、製造工程では是正のしようがない。応力的に1,000回使うと壊れる形状であることは、図面から見抜くことは難しい。現場は、その形状は目標通り100,000回もつと疑わずに加工することになる。

競合に優位に立つ取り組みも同じである、競合に優るコンセプト、商品仕様を把握し、それを製品仕様に置き換え、設計目標値を設定した時点で、すでに勝負は決まっている。ここで勝てない目標値を掲げてしまうと、そのことが分かっていない開発設計メンバーは、量産に向けて取り組んでいる間ひたすら無為に頑張らなければならないことになる。逆に、世界のメーカーに対抗して優位に立つ設計目標値を決めたなら、世界に勝てるポテンシャルを得たことになる。チャンスをつかんだのだ。

　最近、オートワイパーシステムを搭載した車が増えてきた。そのシステムを構成する、降雨状態を検知するレインセンサーを筆者が開発設計した時の経験である。設計目標値の項目に、ワイパーの払拭安定性の項目があった。この項目は、ワイパーの性能を決める上でキーとなるものであった。ワイパーの動きはドライバーのフィーリング（感性）に合ってなければならない。払拭安定性はこの点で重要な指標であった。

　また、この指標は競合メーカーに対して優位に立つためにも重要であった。そこで、主な競合メーカー製品のベンチマークを行ったのは言うまでもない。まずは、競合メーカーのセンサーを入手し精査した。こうして他社の性能を踏まえ、開発品の性能を、例えば、"間欠払拭モード相当時の降雨状態では、払拭安定性x秒以下"と決めたのである。実は、この仕様決めが、世界の中での自分たちの開発品の位置づけを決めている。世界で優位性を確保できるかどうかはここで決まるのだ。

　けれども、ベンチマークで競合製品を精査したときに、払拭性能を間違って捉えたり、有力な製品が調査対象リストから抜け落ちていては、払拭性能の設計目標値は競合に優位性を持たない値に設定されてしまい、あるべき値でなくなってしまう。こうなると、市場で勝てない製品であることを知らずに、ひたすら設計、生産準備を行うことになる。

　世界で勝てる製品になるかどうかは、まさに設計段階で決まるのだ。

そのため、設計段階の前段階、設計目標値を決める段階が重要なのである。フロントローディングが大切だ。

1-3 現場力で設計力の目標を超えることはできない

　これまで述べてきたことから、現場力で最終アウトプットである図面が持つ機能、性能、信頼性、コストなどの設計目標値を超えることはできないということがお分かりいただけたと思う。図面という手段で、設計目標値を達成する方法や手順、構造、材質などの情報を定量的に見える化し、その情報をものという形に置きかえるのが現場力なのだ。

　日本の現場力は、難易度の高い目標値でも100％実現することを当然と捉え、これまで常に切磋琢磨し続けてきた。高い加工精度や複雑な組み付けが図面で示されても、設計目標値を達成するために100％達成に取り組んできた。このように素晴らしい現場力があるから、高いレベルの設計ができるのだ。設計力と現場力はものづくりの両輪であり、両者が互いに高め合い、善循環的にスパイラルアップしてきたのである。

　とはいえ、設計力で開発製品が世界で勝てるか否かのポテンシャルは決まってしまう。現場力はそのポテンシャルをものという形に置きかえる力であり、ポテンシャルそのものを上げることはできない。

　つまり、競合に優位性のある製品を生産するには、設計段階で十分勝機のある取り組みをしなければならない。世界No.1製品を達成できるかは、ものづくりの源流である設計段階の設計力が大きく支配する。

　この世界No.1を達成する設計力について順次述べる。

1-4　なぜ世界No.1を目指すのか

　競合に優位性のある製品を達成できるかは、ものづくりの源流である設計段階での取り組みである設計力が大きく支配すると述べた。もう一歩踏み込んだ言い方をすれば、世界No.1を目指すか否かは設計者が決めることであり、その立ち位置にあるのが設計者だということだ。設計者が、次に開発する製品は世界No.1を狙うのだと思えば、世界No.1に大きな一歩を踏み出した事になる。なぜなら、この一歩は設計者にしか踏み出すことができないからだ。

　設計者は、開発する製品のレベルを決めることができる。お客様の言われる通りにしておこうと考えることもできるし、自社の従来の製品と同じレベルで良いではないかと思うかもしれない。一方で、お客様の要求仕様通りでなく、同じお客様に納入しているA社に対して優位性ある仕様を達成しようと決定することもできる。更には、新しいシステムは将来的に全車に種搭載されるとの情報があるならば、世界の車両メーカーが標準品として搭載する可能性が高いと判断し、世界で勝負しよう、同じ開発するなら世界No.1を目指そうという決意のもとで取り組むこともできるのだ。

　自分たちで世界を狙うかどうかを決めることができる。これは、ものづくりにかかわる人間として何より素晴らしい立場ではないだろうか。なぜ、世界No.1を狙うのかと問われたら、そこに世界No.1があるからだと答える、これが設計者というものである。

　もちろん、思うのはあくまでも第一歩である。実現させるためには、それに相応しい「設計力」に基づいた取り組みをせねばならない。

1-5 世界NO.1製品とはQ・C・Dの一つ以上がダントツであること

「世界一製品」という言い方がある。これはその製品のシェア、販売数量が世界一であることを表す場合が多い。最近では、スマートフォンの韓国・サムスンと米国・アップルのシェア首位争いがあり、トヨタ自動車とフォルクスワーゲンによる、自動車の一年間の販売台数の首位が年ごとに入れ替わる事例などがある。

世界で一番売れるためには、お客様に自社の製品を選んでもらわなければならない。そのためには、自社の製品が他社より、お客様にとっての優位性がなければならない。しかしそれ以外にも、その企業の所謂営業力を抜きにしては語れないし、その企業の歩んできた歴史が関係する場合もあるであろう。企業を取り巻く様々な要因が絡んでくる。

しかし、ここで取り上げるのは営業力でもなく歴史でもない。自社の製品が他社よりお客様にとっての優位性を確保できるか否か、この一点である。

一方、製品の素性は「Q」「C」「D」の3つの要素で表すことができる。「Q」は機能・性能・信頼性・体格・重さ・美しさなどであり、「C」はコスト、「D」は開発期間・納期である。従って、優位性があるとは、Q、C、Dが他社に優っていることを意味する。Q、C、Dの内の一つでも他社に優っていれば、優位性があると言える。

特に、世界中の競合に対し優位性があることを、ここでは"ダントツ"と呼ぶ。例えば、ダントツの性能、ダントツのコストのように使う。そして、Q、C、Dの一つ以上がダントツである製品を、「世界No.1製品」と呼ぶ(**図1.1**)。日本の製造業が世界で生き残るためには、世界No.1製品を目指し、ダントツのQ、C、D、すなわち「ダントツの目標

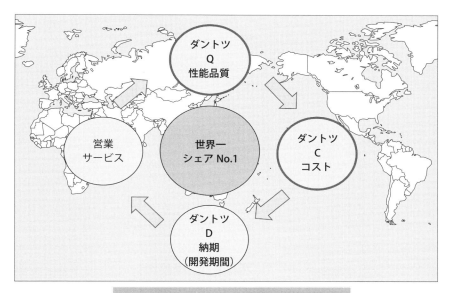

図1.1　世界No.1とは、Q、C、Dの一つ以上がダントツ

値」への取り組みが求められている。

1-6　ダントツの目標値と設計段階の大きな流れ

　設計段階の取り組みとは、お客様が求めるサービスやもののニーズ、すなわち商品を把握し、製品という形にするために製造段階へ指示するまでに行われる活動である。それは、お客様の仕様（以下「商品仕様」と呼ぶ）の曖昧なところを解決し、造る立場の仕様（以下「製品仕様」と呼ぶ）に置き換え、製品にするための方法、手順などを定量的に見える化する取り組みである。それに続く製造段階は、設計段階から受け

取った定量化された情報を、製品という形に加工する活動である。

　更に、このような設計段階の取り組みは、前半と後半の活動に区分される。それは、前半と後半では活動の目的が大きく異なるからである。以下、前半の活動を「先行開発」、後半の活動を「量産設計」と呼ぶ。

1-6-1　先行開発では、ダントツ目標値と照らし合わせて実現見通しを探る

　設計段階前半の先行開発では、まず商品仕様を把握し、それを踏まえてダントツ目標値を見極める。更に、ダントツ目標値の実現見通しを探るのである。すなわち、先行開発は、世界No.1製品としてのポテンシャル確保の取り組みであると言える。

　ところが、お客様のニーズである商品仕様を把握するのが容易でないのは、次のような経験からも明らかである。自動車メーカーの技術者と打ち合わせた時のことだ。その方は、電子制御燃料噴射の新システムを丁寧に説明してくれたのだが、私はそのシステムについて初めて聞いたため、システムはもちろん、担当するコンポーネントすら理解が難しかった。その場で何度も顧客に聞き直すのを躊躇したため、職場へ帰ってから議論し、顧客と打ち合わせるということを繰り返した。顧客の説明を100％理解することは簡単ではない。納得できるまで取り組むことが大切だ。もちろん、商品仕様の見極めは設計者の仕事である。

　このように、お客様から直接提示される商品仕様を理解するだけでも大変であり、ましてや、ダントツ目標値はお客様から商品仕様の提示があるとは限らないし、自分たちで探すことになる可能性も高い。そのような場合のダントツの目標値の設定は困難であるため、第2章で、商品仕様を自ら見出さねばならない事例を取り上げる。

　ダントツの目標値の見極めができると、次は、その目標値が持つ技術的課題への目途付けに移る。それぞれの職場には、過去から積み上げて

きた技術（以下「職場の基盤技術」と呼ぶ）がある。しかし、職場の基盤技術だけではダントツ目標値が持つ技術課題への対応策が直ぐに見つかるとは限らない。この技術的課題を「ネック技術」と呼ぶ。

私の経験から、新規性が高い製品や高付加価値が見込まれる製品は、必ずネック技術がある。新規性が、次期型製品から次世代製品、革新的製品と高くなるに従い、ネック技術の目途付けは難しくなる。

なお、新規性の分類には
①革新的な製品：今まで世の中になかったシステムや製品
②次世代製品：機能、性能、方式などが2ランクアップした製品
③次期型製品：機能や性能向上、小型化、コストダウン製品
④類似製品：取り付けや形状や、ポート方向を変えるなど小変更の製品

の4つがある。上記の電子制御燃料噴射の新システムの例は次期型製品に該当し、エンジンの吸気管負圧に応じた吸入空気量のリニアコントロールがネック技術であった。

ネック技術の目途付けは大きな関門だが、乗り切らねばならない。ダントツ目標値の設定とネック技術の目途付けができれば、ダントツ目標値実現の目途付けができたと言えるのである。

ダントツ目標値の設定とネック技術の目途付けを行うことを先行開発という。これを無事に終えると、お客様に「発注ありがとうございます。量産設計に向けて取り組みます」と言える。

1-6-2　量産設計では目標値を品質120％の達成を取り組む

設計段階後半の量産設計は、先行開発で実現を見通したダントツ目標値を含む製品仕様を、品質120％で達成するための取り組みである。100万個造っても、一個たりとも品質不具合を出さないための取り組みである。品質不具合を出さないとは、製品仕様未達を出さないという意

味だ。すなわち、先行開発が世界No.1製品のポテンシャル確保の取り組みであるのに対し、量産設計は、お客様の信頼を得る取り組みである（図1.2）。

　製品仕様は、機能・性能・信頼性・体格・重さ・コスト・開発期間など複数の項目で成る。量産設計は、それぞれの項目に設定される目標値を満たす活動である。目標値を満たすということは、設計要因による工程内不良0、納入先不良0、市場クレームは目標値以下を達成するということだ。市場クレームの目標値とは、製品仕様の中の信頼性項目に含まれる設計保証期間内で、累積故障率が目標値以下ということを意味する。車の場合、例えば、16年・30万kmでの重致命故障は0、他の故障はyyppm以下などとなる。

　先行開発と量産設計の狙いは異なるが、これらは互いに影響しあっている。新規性が高い製品や付加価値の高い製品の先行開発は、職場の基

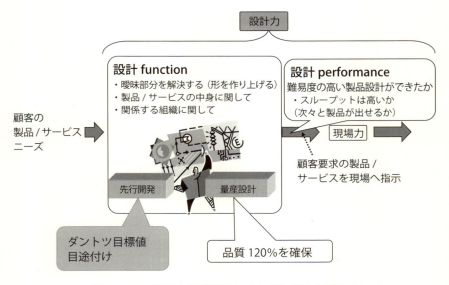

図1.2　先行開発と量産設計にそれぞれ設計力がある

盤技術のレベルもその製品に相応しいレベルでなくてはならない。そして相応しいレベルでなければ、基盤技術のレベルを必要なレベルに上げなければならない。

　基盤技術のレベルを上げる方法は、量産設計をやり抜くことが効果的だ。なぜなら、量産設計をやり抜くのは容易ではなく、だからこそやり抜くことでノウハウが得られ、それが職場に積みあがる。積みあがったノウハウは職場の基盤技術にフィードバックされ、基盤技術のレベルが少し向上する。すると、次には少しレベルの高い製品の先行開発に取り組むことができる。

　先行開発と量産設計をやり抜くことを繰り返していくと、両者は善循環的にスパイラルアップし、職場の技術レベルが向上する。筆者がかつて所属した自動車部品メーカーも、やりきることをひたすら愚直に繰り返すことで技術レベルが上がり、成長につながった実感がある。

　このように、先行開発と量産設計を愚直にやりきることが大切であるが、このやりきる取り組みができる力、すなわち「やりきる力」を「設計力」と呼ぶ。

　設計力には、先行開発における設計力と量産設計における設計力が存在するのである。

1-7 それぞれの段階の取り組みは、Wモデルで表現できる

　先行開発と量産設計の取り組みの基本的フローを**図1.3**に示す。先行開発、量産設計のフローは共に実行と検証のV字モデルで表され、両者を合わせるとWモデルとなる。

　先行開発のV字モデルは、

・事業計画－職場の課題の把握と対応方針
　例えば、成り行きでは売り上げが減少する、既存品の拡販で乗り切るか、新製品を開発し、売り上げ拡大を狙うかなどの方針決め
・テーマ選定－拡販する顧客選定、開発する新システムや新商品の選定
・VOC明確化－お客様の声（Voice of Customer）、つまり商品仕様の見極め
・分析/目標設定－商品仕様を踏まえて、製品仕様であるダントツ目標値の設定
・創造－ダントツ目標値を実現する技術的な課題の見極めと具体的な活動
・評価－目標値実現を技術的に目途付けできているかを検証
量産設計のV字モデルは、
・量産の計画と決定－製品仕様の詳細な決定と、各仕様を満たす構想設計をし、及び売り上げ、利益予測などを見極め、詳細設計のへの

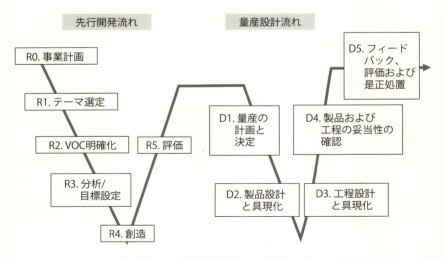

図1.3　先行開発と量産設計の基本フロー

移行を判断する
- 製品設計と具現化 – 詳細設計を行い、アウトプットである図面を後工程へ送る
- 工程設計と具現化 – 図面に基づき、量産ラインの工程を設計する
- 製品及び工程の妥当性の確認 – 量産ラインで試しに製造する、所謂、量産試作品でラインの完成度と製品の出来栄えを検証する
- フィードバック、評価及び是正処置 – 量産試作検証で課題が見つかれば詳細設計や工程設計へフィードバックし対策を取る。量産開始後に品質不具合が生じれば是正処置を取る

通常は、両方を一気通貫に行う。

1-8　先行開発段階の活動で使われるツール

先行開発段階の活動で使われるツールを図1.4に示す。先行開発のそれぞれの段階で多くのツールがある。もちろん、全てを理解する必要はなく、各段階で必要性を判断し活用すれば良い。第2章以降で、いくつか活用例を紹介する。

事業計画 →	テーマ選定 →	VOC明確化 →	分析/目標設定 →	創造 →	評価
（戦略構築） ・品質重要項目/ドリルダウン ・SWOT分析 ・戦略マップ ・事業計画 ・プロジェクト編成 ・市場ニーズ	（コンセプト創造） ・優先度検討 ・お客様の声サーベイ検討 ・新製品プロジェクト業績評価図 ・コンセプトFMEA ・プロジェクト日程計画 ・バランス・スコアカード（BSC） ・アセスメント項目	・お客様の声収集 ・顧客要求 ・顧客満足のための目標値 ・タスク計画	・顧客要求→技術尺度置き換え ・品質機能展開(1) ・技術尺度の目標設定	（コンセプト開発） ・コンセプト発想(TRIZ,ブルーオーシャン戦略等) ・コンセプト選定 ・品質機能展開(2) ・上位レイヤFMEA ・新技術開発 ・実験(実験計画/タグチメソッド) ・商品化試作/テスト ・最適化 ・市場開拓	・プロジェクト成果の評価 ・価値/リスク評価 ・戦略意思決定（階層分析法、デシジョンツリー）

図1.4　先行開発で使われえるツール

第 **2** 章

先行開発で仕込む
ダントツ目標

この章では、まず筆者の先行開発段階の経験を具体的に紹介する。次に、その経験を先行開発段階の普遍的な取り組み、仕組みに落とし込む。この仕組みは、ダントツ目標値が満たすべき4要件、目標値実現ための先行開発プロセス、目標実現のための阻害要因の打破等である。その後、取り組みと仕組みを踏まえ、ダントツ目標の実現のための先行開発の設計力を述べる。

2-1　ダントツ目標を実現する先行開発の流れ

　ここで紹介する先行開発の取り組みは、ダントツの性能・ダントツのコストを狙った活動である。その活動では、先行開発に必要な様々なマネジメントや手法を実践している。

2-1-1　新製品開発をスタートできる環境をつくる

　開発を手掛けた当時、世界では排ガス規制や燃費規制が強化されつつあった。そうした状況下で、電子制御技術の発展に伴って、自動車用エンジンもキャブレターから電子制御燃料噴射への転換の時代に入った。世界市場では、新しい電子制御燃料噴射システムから新しいメカトロ製品など多くの新製品が生まれ、世界一製品も数々誕生する状況であった。

　社内でも、新システムの製品をタイムリーに手掛ける部署は事業を大きく伸ばしていた。一方、私が担当していた職場は、キャブレターシステムのコンポーネント（製品）を開発設計していた。電子制御燃料噴射システムが増加するにつれ、新規製品の開発は減り、事業は先細りの状況であった。

　そこで、このような状況を挽回すべく、新製品を開発する取り組みを

開始した。

> ☞ マネジメントや手法のポイント
> ・新製品開発は、世界市場の動向を踏まえる（図2.1）

2-1-2　選択と集中で開発体制を確保

　さて、新製品を開発する方針を実現するに際し、先立つものは開発資源である人と資金であった。ところが、新製品を開発する旗印を挙げても、人も資金も補填されなかった。意気込みだけの状況では当然のことである。そこで、職場内で人と資金を捻出する取り組みを開始した。それは、アウトソーシングである。

　自動車部品は、生産数が100個/月でも1万個/月でも、売り上げの大小に係わらず開発設計工数は大きく変わらない。なぜなら、自動車部品は生産数量に関わらず、重致命故障は0、一般故障も市場クレームはyy ppm以下にしなければならないからである。

　私の部署では、異なるシステムに使われる複数の製品を担当してい

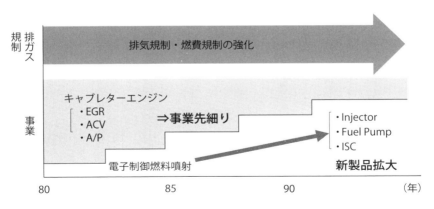

図2.1　新製品開発は世界の市場動向を踏まえる

た。売り上げがそれなりに大きい製品もあれば、少ない製品もあった。そこで、製品別に設計者一人当たりの売り上げを出し、売り上げの大きなものは存続、小さなものはアウトソーシングとしたのだ。売り上げ大小の判断基準は、事業部の設計者一人当たりの売り上げ目標値s億円/人（設計者）を用いた（**図2.2**）。

> ☞ **マネジメントや手法のポイント**
> ・現製品の選択と集中で、新製品開発の体制をつくる
> ・アウトソーシングの判断基準として、設計者一人当たりの売り上げを用いる

2-1-3　新製品選定の基本方針を決める

　選択と集中で開発体制を確保し、次は取り組むべき新製品の選定を行った。事業が先細りの状況に陥り、挽回の取り組みをしなければならなくなったことが問題点だったので、この問題点を振り返った。そして

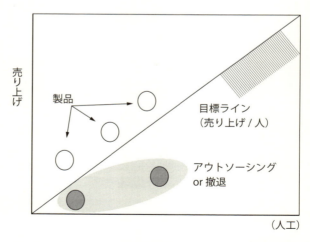

図2.2　設計者一人当たりの売り上げを基準に選択と集中

それを踏まえて、新製品の選定方針を決めた。問題点を把握し、その問題点の真の原因を見極めたのである。

真の原因を踏まえ、新製品選定の方針を決めるまでの流れを以下に述べる。

(1) 現製品の問題点を洗い出す

まずは、現製品の状況を把握することから始めた。自部署では多くの製品を担当しており非常に忙しかったが、売り上げは他部署と比べ小さかった。その原因は、各既存製品の売り上げが限られていたことであった。新製品を継続的に市場に投入してきたにもかかわらず、売り上げが抜きん出た製品がなかったのだ。

次に、既存製品の、製品の市場投入時期をも含め、売り上げを小さくしている要因を分析した。各製品のQ（品質）・C（コスト）・D（投入時期）を振り返ったが、売り上げに悪影響を与えている要因は認められなかった。また、競合に対しても優位性は維持していた。

一方、隣の部署では、1，2種類の製品しか手掛けていないのに売り上げが非常に大きく、利益を確保していた。将来の成長もしっかり見込める事業部の柱となっており、まさに成功例であった。この成功例の製品に比べ、自部署の各製品は売り上げがそれぞれ10分の1以下であり、差は歴然であった

そこで、この成功例との比較で、自部署の取り組みの問題点をあぶりだすこととした。"成功例との比較"である。その結果、自部署の問題は"売り上げが小さな製品ばかりを手掛けてきたこと"にあるという判断に至った（図2.3）。

"売り上げの小さな製品ばかりを手掛ける"という仕事のやり方を断ち切るべく、新製品を選定する考え方、すなわち基本方針の検討を開始した。

第2章　先行開発で仕込むダントツ目標

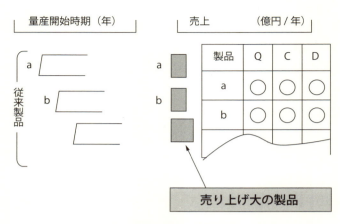

図2.3　成功例との比較で職場の課題を把握する

> ☞ マネジメントや手法のポイント
> ・新製品の開発方針見極めには、まず、現製品の問題点を把握する
> ・問題点把握の方法は、成功例との比較法がある

(2) 新製品選定の方針を決める

　現製品の問題点の抽出ができたので、次に問題点の真の原因を掘り下げることにした。真の原因とは、取り組みの悪かった点、すなわち管理上の原因を見極めることである。管理上の原因を裏返せば対策につながり、製品選定方針が決まる。

　真の原因の見極めには、品質管理手法の"なぜなぜ分析法"を用いた（**図2.4**）。この検討は、毎週末に上司を含めたメンバーで議論を繰り返した。壁に当たるたびに、社内のみならず社外までも成功体験を情報収集した。自部署と規模及び分野が似ている部品メーカーなど、複数のメーカーへの聞き込みも行った。

　こうした真の原因の見極めには、メンバー全員での時間を十分かけた検討が大切だ。なぜなら、選定した新製品開発の方針は、これ以降の先

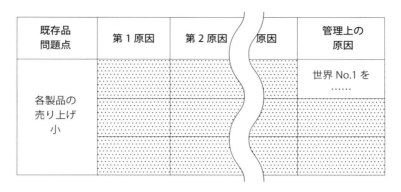

図2.4　新製品開発の方針になぜなぜ分析手法を使う

行開発取り組み全体を支配するからだ。定めた方針により、選定する製品が異なることも起こるだろう。従って、方針決めというフロントローディングが大切になってくる。時間が許すなら、月単位で議論する価値がある。

当時の議論を詳細に覚えているわけではないが、筆者なりに図2.4を考えてみたので、参考にしていただければと思う（**図2.5**）。管理上の原因をつかむ練習になり、職場でこの方法を使うきっかけづくりにもなるため、ぜひ一度試していただきたい。

この結果、管理上の原因を踏まえた新製品の選定方針は"売り上げ大が見込まれる汎用システムを対象に、世界に通用する製品を選定する"となった。

> ☞ **マネジメントや手法のポイント**
> ・現製品の問題点に対し、管理上の原因を見極めると開発方針が設定できる
> ・管理上の原因の見極めは、なぜなぜ分析手法が有効である。形式的に表を埋めることではなく、十分議論をすることが大切である

問題点	第1原因	第2原因	第3原因	管理上の原因	対応方針
各製品売上小	現納入先で満足	現納入先で利益があった	単品売りに積極的でなかった	世界No.1製品を狙っていなかった	市場調査し売り上げ大が見込まれる汎用システムを対象に世界に通用する製品を選定開発
	製品の運用システムが限定されている 　a　b　市場拡販	車両メーカーオリジナルシステム向けの品を設計	必要機能の共通化設計せず	標準化設計をしていない	

図2.5　管理上の原因は対応方針につながる（例）

2-1-4　新製品を具体的に選定する
(1) 対象とするシステム分野を選定する

　新製品への取り組みの基本方針が決まったので、次にこの方針にのっとり、取り組むべきシステム分野を検討した。自部署は車載センサーを開発設計する部署であった。センサーはECUとアクチュエータとで電子制御システムを構成する（**図2.6**）。

　システム分野の選定のため、車載の電子制御システムを調査した。システムに必要とされる温度、振動、角度などの物理量を調べ、その物理量を検出するためにどのようなセンサーが必要かの情報収集を行ったのだ。更に、センサーに必要なセンシング要素技術、市場価格なども調べた。そのうえで、それぞれの制御システムの将来動向と装着率の変遷を推測した。

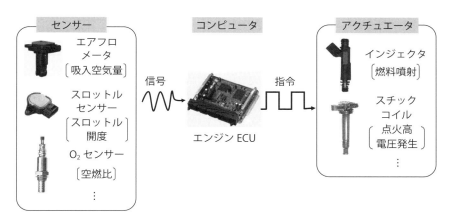

図2.6　センサーの市場調査は、上位システムである電子制御システムに着目

　次に、これらの調査データから、エンジン系システム、シャシ系、駆動系、ボディ系、空調系などの、各分野におけるセンサーの市場規模を現在と将来にわたり定量化する試みを行った（**図2.7**）。

　イメージとしては、「…エンジン系は…億円と最大市場であり、その後の燃費規制やエミッション規制強化にともないDGI等の新しいシステムが投入されるが、…。また、シャシ系や空調系もここ数年は…。一方、駆動系はAT（auto-transmission）の電子制御化が急激に進んでおり、また、ボディ系はASV（advanced safety vehicle）やキーレスなどの各種自動化関係が今後伸びる…」などである。

　最終的にわれわれが選んだのは、駆動系分野であった。駆動系は、当時のセンサーの市場規模は小さかったが、急速に電子制御化が進むことが見込まれ、他の分野に比べて新たな市場の拡大が期待されたからである（**図2.8**）。

　このように、上位システムを知るために、足で稼ぐ情報収集といった地味で根気のいる取り組みを行った。

第2章 先行開発で仕込むダントツ目標

分野	電子制御システム	位置・角度・回転数	加速度・振動	角速度	距離	圧力・重量・力	流量・雨	温度・湿度	電流・電波	ガス濃度	光	もの・人
パワートレーン制御	電子制御ガソリン噴射 ガソリン点火時期制御 アイドル回転数制御 リーンバーン制御 直噴制御 オートディーゼル射制御 オートマチックトランスミッション 電池監視(HV)	スロットル開度※ アクセル角度※ クランク角 カム角 フューエルレベル AT回転数・車速 インヒビタースイッチ ベン回転数	ノック			吸気気圧 大気圧 タンク内圧 排ガス圧 燃焼圧 オイル ブレッシュ 高圧	エアフローメータ フューエルレベル 目詰まり	エンジン 水温 吸入空気温 燃料温 EGRガス温 排気温 AT油温 電池温度(EV)	エンジン 着火 時期検知 電流検知	排気O₂ 排気A/F リーニング スキャ HC, Nox		
車両制御	アンチロックシステム トラクションコントロール 走行姿勢制御 アダプティブクルーズコントロール サスペンション制御	車輪速※ 車速 車高 後輪操舵角 ステアリング角※ スロットル開度※		ヨーレート	レーザレーダ ミリ波レーダ	ブレーキ圧 ステアリング						
ボデー制御	オートエアコン/空気清浄 エアバッグ オートライト/AFS キーレスエントリ オートドライバ 盗難防止	エアミクス ダンパ位置 車速※ コンプレッサ ロック	衝突感知 エアバッグ 加速度 セイフィング サスペンション加速度		コーナーソナー バックソナー	タイヤ空気圧 エアコン冷媒圧 乗員重量 パワーアシストドア	レイン	内気・外気温 エバポレータ マトリックス IR 湿度	ランプ断 断線検知 キーレスアンテナ		日射 コンライト 内外気切替 スモーク	侵入 センサー
情報通信	ナビゲーション ナイトビジョン LKP/前方後方監視 VICS対応ナビ ETC 自動車電話	地磁気		ジャイロ					各種アンテナ(ETC、VICS、電話…)			ステレオカメラ 白線検知 ナイトビジョン

(中央の吹き出し: コンポーネント屋でも上位システムを知るため、足で稼ぐ情報収集といった根気のいる取り組みが必要)

図2.7 足で稼ぐ情報収集が大切
電子制御システムに必要なセンサー

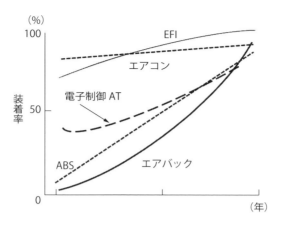

図2.8　様々なシステムの電子制御化の動向を定量化

> ☞ マネジメントや手法のポイント
> ・上位システムの市場規模と成長性をできるだけ定量的に把握する
> ・現市場規模の大きい分野よりは、今後市場規模が急拡大するシステム分野選定する
> ・情報収集の簡便な方法はない。自分の専門分野以外でも上位システムを勉強し、足で稼ぐ情報収集といった地味で根気のいる取り組みが必要である

(2) 新製品を選定する

　システムを駆動系分野に絞ったので、製品の選定に取り掛かった。10年スパンでシステムの進化を見極め、選定するセンサーを絞り込んだ。AT（auto-transmission）基本システムの推移とそれに伴う制御の動向、その制御をコントロールするために必要な物理量、その物理量を扱うためのデバイスへと落とし込んだ。

　当時の具体的考察のイメージを示す（**図2.9**）。

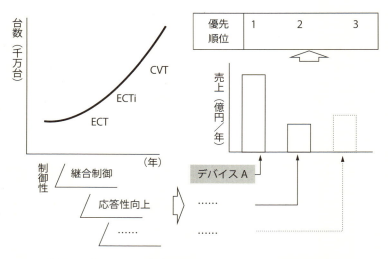

図2.9 システムの動向を調査し、有望な製品を制定する

> ATは電子制御E-AT．…、CVTへと進化する。システムの進化に伴い、制御自体も基本制御である継合制から応答性制御…等高度化していく。
> それに伴って多くのデバイスが求められる。中でも全てのシステムに必要なセンサーAは世界で…市場が見込まれ、かつ、現時点では成長段階にある…

このような検討を経て、新製品を選定した。この選定に当たっては、自部署の基盤技術の延長上で対応できるかを踏まえなければならない。

☞ マネジメントや手法のポイント
・システムの推移、制御の動向を見極め、使われる各製品の市場規模をできるだけ定量化する
・できるだけ多くの情報を集めるため、足で稼ぐ根気のいる取り組

みが求められる
・自部署の基盤技術の延長上で対応できるかを踏まえることも大切

2-1-5 選定した製品を世界NO.1にする開発方針を決める

新製品の選定ができたので、その製品を世界No.1にするための取り組みを進めることにした。まずは、世界No.1にするための開発方針の決定である。

(1) 市場調査から世界NO.1製品への課題を見極める

開発の基本方針は、"売り上げ大が見込まれる汎用システムを対象に、世界に通用する製品を選定する"であった。ここで、世界No.1を狙うことの必然性をメンバーで共有しなければならない。

製品の売り上げ目標はss億円/年であった。これは世界の市場規模ss'億円の10%に相当した（**図2.10**）。このシェアを取るには、世界No.1製品であることが必要条件と判断した。目標が1%なら、世界No.1を狙う必要はないだろう。

世界No.1達成には、それに相応しい取り組みが必要だ。また、メンバー全員が納得し、モチベーションを持つことが大切だ。そのために、世界No.1製品を開発しなければならない理由をメンバー間で共有した。その理由が、獲得せねばならないシェアであり、世界No.1を狙うことの必然性であった。

次に、世界No.1製品への課題を見極めることが必要となった。その

売り上げ目標達成のハードル見極め
SS億円/年→世界シェア10%必要
⇩
世界No.1製品を狙う開発が必要

10%－SS億円　世界市場SS'億円/年

図2.10　世界No.1製品を狙う理由をメンバー間で共有する

ため、新製品の世界市場を調査した。このときに分かったことは、多くのメーカーが拮抗し、所謂ダントツメーカーがないという事実であった(**図2.11**)。飛び抜けたターゲットとなるメーカーがあれば、それに勝つことを目標として対応方針を立てることができる。しかし、このケースでは、この定石が使えなかった。

そこで、選択肢は2つとなった。一つ目は、多くのメーカーが先行しているのでこの製品開発を諦め、製品選定をやり直すこと。もう一つは、このような市場環境でも開発を行うことだった。読者なら、どちらを選ばれるだろうか。

当時、われわれは製品の選び直しの意見に傾きかけた。当然の判断である。しかし、結論は、"この製品で開発を進める"であった。ダントツメーカーがないことを、勝つチャンスありと捉えたのだ。

ダントツメーカーがないのは、逆に、世界No.1になるための課題があるからだと判断した。すなわち、各メーカーに共通の課題は、ダントツになれないことである。この課題への対応方針を明らかにできれば、それが世界No.1製品を目指す開発方針となると考えた。この判断の下、方針の決定を進めたのである。

(2) ダントツメーカーなしの管理上の原因を踏まえ開発方針を決める

まず、ダントツメーカーがない直接の原因を調査した。世界の主要な

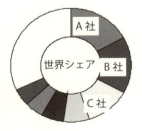

世界の市場調査
● 世界の主要メーカーのシェアを調査
　多くのメーカーがシェアを分け合っていた
　世界の市場で、所謂ダントツメーカーがないことが、
　世界No.1になるための課題と判断
● ダントツメーカーがない真の管理上の要因を明らかにし、
　世界No.1を目指す開発方針を決めることとした

図2.11　ダントツメーカーがない、勝てるチャンスと捉えることもできる

競合製品を入手し、製品のコンセプトである性能・品質・体格・搭載・コスト等を徹底的に精査・比較した。その結果、各製品ともコンセプトが類似しており、差別化ができていないことが分かった。この事実を、ダントツメーカーがない直接の原因であると判断した。

次は、この直接の原因に内在する、仕事の取り組み方の真の原因を考察し、管理上の原因を突き詰めた。その管理上の原因を反面教師とし、世界No.1製品を目指す対応方針を見出そうというものだった。

方法は、新製品開発の方針で使った"なぜなぜ分析法"を用いて、問題点をダントツメーカーがないこととした。第1原因は、他社製品の調査結果を踏まえ、性能差なし、コスト差なしとした。更に、第2、第3原因を考察し、管理上の原因につなげた（**図2.12**）。

ここで気を付けたいのは、海外メーカーを含む他社製品をなぜなぜ手法で議論することは、推測の域を出ないことになりかねないことだ。そのため、できるだけ多く情報収集することが大切になってくる。世界No.1製品を目指す情熱を維持し、粘り強く取り組むことが必要になってくる。

この管理上の原因の裏返すことで、開発方針が決まる。開発方針は、"システム全体から真のニーズを把握し、ダントツ性能を達成する""大

問題点	第1原因	第2原因	第3原因	管理原因	対応方針
現状 ダントツメーカーがない	性能差なし	センサメーカーへ聞き込み			
	コスト差なし	現物調査とセンサメーカーへ確認			

図2.12　ダントツメーカがない管理上の原因を推定し、新製品の開発方針を見いだす

胆な発想から生まれる差別化技術によるダントツコストを達成する"の2つであった。

　この方法は、今振り返ってみるとブックオフの戦略と似ていることに気付く。中古本を扱うブックオフが成長したのは、それまでの古書街の古本屋の常識を覆したところにあると言われている。古本屋の強みである、貴重な本の入手可能性などでは勝負せず、古本屋の弱みである、本の豊富さ、選びやすさ、本の買い取りのしやすさなどで差別化したのだ。

　他社が差別化できていない性能、コストで勝負することを開発方針としたのは、ブックオフの戦略と同じであったのだ。

> ☞ マネジメントや手法のポイント
> ・開発製品が世界No.1製品を目指す製品でなければならない背景をメンバー間で共有する
> ・世界の市場でダントツメーカーがないことは、世界No.1製品への足掛かりとなる
> 　ダントツメーカーがない管理上の原因を明らかにすることが、世界No.1を目指す開発方針となる。つまり、競合他社の弱みを明らかにし、差別化することができる。ここでは、ダントツ性能及びダントツコストの達成であった
> ・管理上の原因を明らかにするには、なぜなぜ分析手法が有効
> 　この手法の活用には、世界中の主要製品の精査及び情報収集が大切

2-1-6　システムから要求される真のニーズを把握する

　前項で決定した世界NO.1製品を目指す製品への2つの開発方針の内、まずダントツ性能達成の取り組みについて述べる。

(1) 真のニーズとは顕在化していない商品仕様

商品仕様と製品仕様の違いは、
- 商品仕様は、お客様の需要、ニーズ、"うれしさ"を技術的にまとめたもので、お客様の立場に立った表現
- 製品仕様は、商品仕様を実現するための機能、性能、信頼性、コストなどで、造る側の立場に立った表現

である。この項のタイトルにある"真のニーズの把握"とは、お客様の"うれしさ"を掘り起こし、商品仕様を把握することである。その商品仕様は、多くの場合、お客様から提示される仕様ではなく、提示されていないか、お客様でも顕在化されていない仕様である。

さて、部品メーカーは、商品仕様を見極めるための取り組みを行っているであろうか。

多くの場合、車両メーカーは商品仕様として、システム上必要とする機能・性能とその目標値を提示する。部品メーカーは提示された仕様に、車両環境、すなわち市場環境を考慮し、安全率や余裕度を加味し、ものとして具現化するための製品仕様に置き直す。つまり、部品メーカーは、車両メーカーから出て来るシステム上の必要条件を、市場品質を保障する十分条件に置き換えるのである。

この時、車両メーカーから提示された商品仕様に"うれしさ"が内在していたとしても、すなわち顕在化していない商品仕様があっても、製品仕様には反映されない。この顕在化していないシステム上の"うれしさ"こそが真のニーズであり、ダントツ性能の達成にはこの商品仕様を掘り起こさねばならない。

このような例がある。

従来から、システム側で異物管理は当然のこととして行われており、部品メーカーへ異物対策の仕様を求めていなかった。一方、車両メーカーがシステム上で異物管理をしていると聞き、部品メーカーは、シス

テムに取り付けられた時に異物が来ても大丈夫なように自社の部品を改良した。その結果、システム側の異物管理が不要となり、システム全体の信頼性向上及びコストダウンにつながった。

部品メーカーが、車両メーカーの潜在的な商品仕様である対異物性能を把握し、他社に先駆けて製品仕様に落とし込み対応を取ったのである。その結果、競合メーカーとの性能上における差別化設計ができ、売り上げ増につながった。まさに提案型の仕事である。

このように、ダントツ性能を達成するには、車両メーカーの需要や"うれしさ"、すなわち製品仕様ではなく、商品仕様を掘り起こすことがポイントである。

商品仕様を掘り起こすという考えは、車両メーカーと1次外注の間だけではなく、1次と2次、2次と3次外注の間でも適用できる。

> 👉 **マネジメントや手法のポイント**
> ・ダントツ性能達成には、お客様の真のニーズである顕在化していない商品仕様を掘り起こすことがポイント
> ・次に、掘り起こした商品仕様を製品仕様に置き換える。これがダントツ目標値である
> ・商品仕様掘り起こしは、車両メーカーと1次のみならず、1次と2次等、どのようなレベルの間でも適用できる

(2) 顕在化していない商品仕様（真のニーズ）は容易に把握できない

ダントツ性能の見極めは、顕在化していない商品仕様を把握しなければならないのだが、当時参入を目指した車両メーカーでは、当製品を直接使用している部署と、外注先への仕様出し窓口部署があった。商品仕様は、使用部署で検討され、窓口部署を経由して出される仕組みになっていた（**図2-13**）。

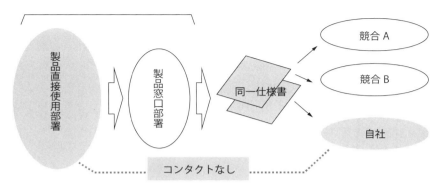

システム上の真のニーズが分からない→差別化できず

図2.13　お客様から出て来る仕様では真のニーズは分からない

　窓口部署からは複数のメーカーに同じ仕様が出され、それ以上の商品情報は出ない。直接使用部署に聞き込むにも、それまでに職場としてその部署にコンタクトをとったことがなかったため、とにかく教えて下さいとは言うことはできなかった。そこで、まず、自分たちで顕在化していない商品仕様の掘り起こしに取り掛かった。

> 👉 マネジメントや手法のポイント
> ・真のニーズは、お客様に聞くことができるとは限らない

(3) システム屋として真のニーズを掘り起こす

　われわれはそれまで、車両メーカーから出て来る商品仕様を製品仕様に置き換え、その仕様を達成する部品屋であった。しかしダントツ性能の実現のために、車両メーカーの立場に立ち、顕在化していない商品仕様の掘り起こしに取り組んだ。部品屋としてではなく、上位のシステム屋として商品仕様を調査したのだ。

　まずは、調査方法を選ぶことから始めた。システム実機調査、文献調

査、特許調査、車両メーカーへの出向者情報など候補を上げた。その中から、予想効果・工数・要する期間等から判断し、実機調査と出向者情報の2本柱で調査を進めた（**図2.14**）。

そして次に、社内の実験部隊と他の関係部署、及び出向者とチームを結成した。実機を見ながらのシステム勉強会、出向者との意見交換会などを計画的に行い、顕在化してない商品仕様の掘り起こしを行った（**図2.15**）。

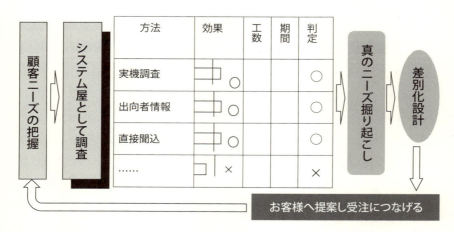

図2.14　上位のシステム屋として真のニーズの掘り起こしを行う

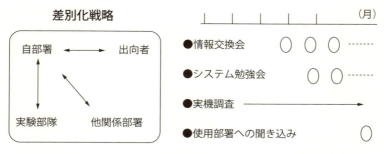

図2.15　チームを組み顕在化していない商品仕様を掘り起こす

> ☞ マネジメントや手法のポイント
> ・部品屋の立場でも、システム屋として取り組む
> ・システム調査の方法は、実機評価、出向者情報、お客様との連絡会など幅広く検討し、予想効果、工数、要する期間等から選ぶ

(4) ダントツ性能はシステムコストダウン効果が見込まれる

　システム屋として取り組んだ結果、今までは知ることがなかったシステム上の"うれしさ"をキャッチすることができた。既存センサーより低周波域まで検出でき、かつ、検出ギャップが広く取れるセンサー検出機能を満足させると、上位システムでは、部品の統合化や取り付け自由度向上などシステムトータルコストダウンが可能であることが把握できたのだ。上位システムのコストダウンに結びつく性能を見出すことができたのである。

　そこで、真のニーズである潜在的な商品仕様の把握を踏まえ、製品仕様を設定した。当時、この性能は既存の競合メーカーのセンサーでは満足できていないレベルであった。まさに、ダントツ性能が設定できたのだ。

> ☞ マネジメントや手法のポイント
> ・ダントツ目標は、上位システムにコストダウンなどの真のニーズがあり、かつ、競合メーカーが達成できていないレベルであること

(5) 最新の解析技術導入に取り組みネック技術を乗り越える

　次に、真のニーズであるダントツ検出性能が持つ技術的課題に取り組んだ。この技術課題は、職場の基盤技術（過去から積み上げてきた技術）だけでは対応策が直ぐに見つからない場合がある。このような技術的課題が「ネック技術」である。新規性が高い製品や高付加価値が見込

まれる製品には、必ずネック技術がある。

今回のダントツ検出性能は、最適な磁場回路の構築がネック技術であった。そこでまず、対応方法の絞り込みを行った。試作品を数多く造って絞り込む方法もあったが、効果、工数、開発期間を考慮し、磁場解析をシミュレーションする方法を採用した。

この方法は、当時としては新手法であった3次元磁場解析が必要であったが、社内にはその解析システムが未だ導入されていなかった。そこで、材料専門家も入れたチームを組み、導入をなんとか実現して解析を進めた。まさに、クロスファンクショナルチーム活動だ。その結果、ネック技術を乗り越え、ダントツ性能を達成した（**図2.16**）。

> ☞ マネジメントや手法のポイント
> ・ダントツ性能は、職場の基盤技術では対応できないネック技術を乗り越える取り組みが必要。例えば、クロスファンクショナルチーム活動など

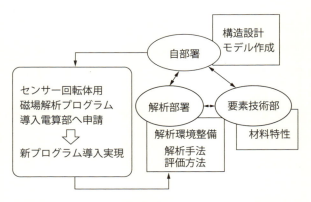

図2.16　チームを組みネック技術を乗り越える

2-1-7　ダントツコストを見極め、実現する

　ダントツ性能の設定と技術的な課題の見極めができたので、次は、ダントツコストへの取り組みである。

（1）ダントツコストは数年後でも勝てる目標値を見極める

　ダントツコスト設定のポイントは、定量的な根拠をもつことである。その根拠について考察する。

　筆者の仕事柄、セミナーなどの受講者にコスト設定の考え方について聞く機会がある。多くの場合、受講者からは「競合メーカーに負けない値」といった回答が返ってくる。そこで、「競合メーカーが100円なら、いくらを目標値にしますか」と問いかけると、受講者は少し考えて「90円にします」などと答えることが多い。それを受けて、「競合メーカーは一生懸命あなたの会社を見ていますから、1年後に89円で出してくる可能性もあります。競合メーカーの現在の値に勝つだけで良いのでしょうか」と問いかけると、相手は返事に窮してしまう。

　もちろん、いま競合メーカーに勝てば良いとの考え方は間違いではない。半年や1年ごとなど、頻繁に新モデルと入れ替わる製品ならこれも選択肢となるだろう。しかし、現モデルが1年後に競合メーカーに負けるようでは、次期モデルも楽観視できない。

　この話を突き詰めると、コスト設定では時間軸が大切であるということに行き着く。自動車部品のコスト設定には、時間軸を取り入れることが重要なのだ。一度量産されると、その製品の寿命は長い。車のフルモデルチェンジを仮に4年ごととすると、2モデルに採用されるだけでも8年間という寿命になる。だが、競合メーカーが安い製品を出してくるとそれにとって代わられ、短寿命で終わることになる。受注継続には、時間軸を踏まえた目標設定の取り組みが必要だ。

　当時、われわれはダントツコストの優位性を8年間確保することとした。そこでまず、世界の主要競合メーカーの8年後の売価を予測した。

予測に当たり、主要なメーカーの売価をワールドワイドに現在と過去分を含めて調査した。

調査方法としては、競合メーカーの製品を購入し、分解して調査した。車両メーカーに聞き込むことで、ヒントが得られることもあるだろうが、国内外の製品を入手し、分解精査し、コスト見積りをして売価を予測するのは簡単ではない。調査には自ら手と足で稼ぐ取り組みが必要で、時間も要するが、ここでの知見がダントツコストを実現する。

次に、得られた値を、縦軸が売価、横軸が時間（年）のグラフにプロットし、8年後までの売価推移の概想カーブ（以下「売価カーブ」と呼ぶ）を作成する（図2.17）。プロットする点が多ければ、売価カーブの信頼性が上がる。売価カーブが示す8年後の値を読めば、それが予測される競合メーカーの売価である。

もちろん、この予測売価には誤差を見込まねばならない。誤差はプロットした売価データの数や経験などを考慮し決めることになるが、20％〜30％は余裕を見込むことをお勧めする。こうして得られた8年後の売価予測値から適正利益を除いたものが、取りも直さずダントツコストの目標値である。もちろん、その目標値を実現するのは今である。

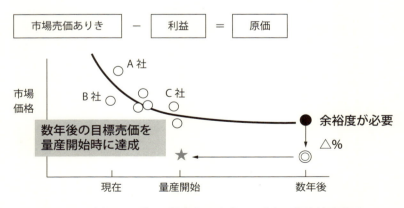

図2.17　売価カーブから数年後でも勝てる売価目標を決定する

☞ マネジメントや手法のポイント
- ダントツコストは、数年後でも世界で勝てる目標値を見極める
- そのためにワールドワイドな他社製品調査を行い、売価カーブを推定する
- 設定した目標値は量産開始時に前倒しで実現する

(2) 世界に広く技術を求めコストを追求

こうして、世界で勝てる目標値を見極め、設定したダントツコストの達成に向けて取り組んだ。

まず、競合製品の構造とコスト構成を知ることからスタートした。世界の主な製品を入手し、コストがかかっている部品を抽出してみたところ、各メーカーとも差がなかった。そこで、部品レベルではなく、機能レベルのコスト検討に方針を変えた。VE（Value Engineering）を用いて機能の集約をしたのだ。

他社製品を精査して分かったことは、各メーカーとも信号の変換機能に多くのコストをかけているということだった。これを受け、この機能のコストダウンをダントツコスト達成のポイントと判断した。

手法は、「2-1-3（1）」で用いた成功例との比較法である。大きなコストダウンを達成している社内製品の例を調査したのだ。その製品では、回路基板とそれを固定するケースを一体化し、ケースに基板の機能を集約させていた。そこで同様の発想を下に、信号の伝達機能の集約を検討した。

集約する技術は世界に広く求めた（図2.18）。機能の構成要素別に専門メーカーマップを作成、各メーカーの持っている要素技術を社内の専門部署を交えて技術評価をし、技術マトリックスを作成し対応技術を求めた（図2.19）。

こうした協議の結果選んだ技術は、AT搭載に耐える改良をしなけれ

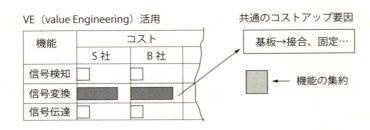

図2.18　部品レベルでなく、機能レベルでコストを検討

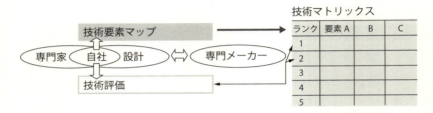

図2.19　世界にチームを組み広く技術を求める

ばならなかった。しかも、流動時期から逆算すると、開発期間は1年半と非常にタイトであり、効率的な開発がマスト用件であった。一方、この技術は米国メーカーP社が保有していた。

　そこで、開発のスピードアップとして取った手は、技術的折衝は国内の代理店を通さずに直接P社の米国本社とのコンタクトに切り替え、P社にビジネス可能性をプレゼンすることでトッププロジェクトへの位置付けを獲得し、時差を有効活用した24時間体制（課題を夕刻に投げかけて翌朝回答を入手）をつくりあげた。このような体制を敷くことで、開発を急いだ（**図2.20**）。

> ☞ **マネジメントや手法のポイント**
> ・ワールドワイドな他社製品調査から、競合製品に共通するコスト上の弱点を検証する

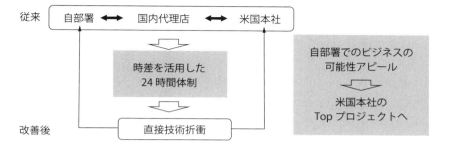

図2.20 時差を利用し24時間体制で開発をスピードアップ

・部品別だけでなく機能別検証も行う
・コストダウンも、成功例との比較法がある
・従来技術のみならず、広く世界に技術を求め対応方法を検討する
・新技術は開発スピードが重要。量産までの期間での対応可能性をよく見極め、体制を造る

2-1-8 先行開発事例まとめ

ここまで述べてきた先行開発の事例では、以下のようなマネジメントや手法が各所で活かされていた。

＊成功例との比較による問題点の把握
＊問題点をなぜなぜ手法で管理原因まで掘り下げた開発方針等の決定
＊システム屋としての商品仕様の掘り起し
＊数年後の売価予測値を出し、その値を今の量産時の目標に設定
＊ネック技術対応に必要な最新のシミュレーション解析システム導入をチームで実現して、開発工数・期間を短縮
＊新技術を海外に広く求め、かつ、その技術を短期間に開発するための時差を活用した24時間体制手法

マネジメントの手法は、以下の11項目であった。

①新製品開発には世界市場の動向を踏まえる
　－自動車エンジンがオールメカから電子制御への大変革期であった
②設計者一人当たりの売り上げを判断基準とし、選択と集中で開発体制確保
　－自動車部品は、生産数が100個／月でも1万個／月でも、売り上げの大小にかかわらず開発設計工数は大きく変わらない
③成功例との比較法で現製品の課題を把握する
　－順調に売り上げを伸ばしている製品と比較し、売り上げの小さなものばかりを手がけてきたことが課題と気づいた
④なぜなぜ分析手法で現製品課題の管理上の原因を把握し、新製品開発の基本方針を決定する
　－現各製品の売り上げが小さいことを課題とした。なぜなぜ分析で管理上の原因を見極め、"売り上げ大が見込まれる汎用システムを対象に世界に通用する製品を選定する"を新製品開発の基本方針とした。
⑤候補とする複数の上位システム分野の市場規模と成長性を定量的に把握し、取り組むシステム分野を選定する
　－上位システム分野が専門分野以外でも、情報収集は自ら足で稼がなくてはならない。根気のいる取り組みが必要である
⑥選定したシステム分野で使われる各製品の市場規模を定量化し、開発する製品を選定する
　－市場規模の定量化は、システムの動向、そのシステムに必要な検出すべき物理量、その物理量検出に必要なセンサー、そのセンサーの市場価格の見極めなどの取り組みを行った。情報収集が大切。製品選定は基盤技術の延長上で対応できるかを踏まえること
⑥のあとで、選んだ製品のベンチマークを行ったが、その製品の市場は多くのメーカーが拮抗しており、抜きん出たメーカーがない状況で

あった。そこで、この問題点を分析することで新製品の開発方針を設定した。それは、システムの真のニーズを把握し、ダントツ性能の達成と、差別化技術によるダントツコストの達成であった。

ダントツ性能の達成は、従来型の、お客様から出てくる仕様に基づく設計では他社との差別化はできない。そこで新たな取り組みとして、システム屋としての活動を行い、システムコストダウン等お客様にとってうれしい新たな商品仕様を把握した。そしてそれを設計に反映することで、他社との差別化を計った。ダントツコストの達成は、ワールドワイドな製品調査から、コストトレンドに基づく数年後の売価予測値を求め、量産開始時に前倒しで達成することを目標とした。この達成のために、市場製品に共通するコスト上の弱点に的に絞り、世界に技術を求めてチャレンジし、ダントツコスト達成を目指した。

⑦ダントツメーカーがない管理上の原因が、新製品の開発方針の方針となる
　－管理上の原因の推定は、なぜなぜ分析手法が有効である。そのためには、世界中の主要製品の精査及び情報収集が大切となる

⑧ダントツ性能達成には、システム屋としてお客様の真のニーズである顕在化していない商品仕様を掘り起し、それを製品仕様に置きかえることが必要となる
　－商品仕様の掘り起こしは、車両メーカーと1次のみならず、1次と2次等、どのようなレベルの間でも適用できる
　－システム調査の方法は、実機評価、出向者情報、お客様との連絡会など幅広く検討し、予想効果、工数、期間等から選ぶ

⑨ダントツ性能は、職場の基盤技術では対応できないネック技術を乗り越える取り組みが必要。例えば、クロスファンクショナルチーム活動などがある
　－取り組みは、効果、工数、期間を踏まえ選定する

⑩ダントツコストは、数年後でも世界で勝てる目標値を見極める
　－ワールドワイドな他社製品調査を行い、売価カーブを描く。設定した目標値は量産開始時に前倒しで実現する
⑪ワールドワイドな他社製品調査から弱点を検証する
　－成功例との比較法がある。対応は、広く世界に技術を求める
　開発スピードをも重要であり、そのための体制造りを行う
　以上を踏まえて、先行開発段階の取り組みを普遍的な内容に落とし込んでいく。

2-2　ダントツ目標が満たす4要件

　世界No.1製品は、Q、C、Dの少なくともどれか一つがダントツであることであった。前述の例では、Qはダントツの性能を目指しており、Cはダントツのコストを見極め、それぞれにダントツの値を見出し、実現に向けた取り組みを行った。そのダントツ目標の項目と値は、他社製品の精査などから根拠を踏まえ決めていた。ダントツ目標は思い付きで決めるのではなく、根拠が大切なのだ。
　この根拠を要件と呼ぶことにする。実は、前述の例では4つの要件を踏まえており、ダントツ目標はこの4つの要件を満足しなければならないのである。以下、4つの要件について述べるが、その前に、真のニーズと目標値の関係を理解しておかねばならない。

2-2-1　真のニーズとダントツの目標値

　真のニーズとダントツの目標値は異なる。真のニーズとはお客様の立場に立った表現で、ダントツの目標値とは造る側の立場に立った表現である。

真のニーズは、新たなシステム上の"うれしさ"と、それを満たすための仕様である商品仕様に区別せねばならない。システム上の"うれしさ"とは、○○すれば◇◇が可能となり、そのことで使いやすくなる、便利になる、スペースが増えて組み付けしやすくなる、部品の統合化ができ、部品点数が減りシステムコストダウンになるなど、お客様の立場に立った表現である。これらは定性的な表現だが、実現するためには定量的な仕様での表現が必要となる。

　このシステム上の"うれしさ"を定量的な表現に置きかえてみると、以下のようになる。

　‥◇◇が可能で使いやすくなる　→　新たに○○機能を追加する

　‥で便利になる　→　x　→　xx'へ性能を上げる

　スペースが増えて組み付けしやすくなる　→　y%体格を小さくする

　部品の統合化ができ、部品点数が減りシステムコストダウンになる　→　耐久性をz倍に上げる

　すなわち、システム上の"うれしさ"とは、こうありたいという表現であり、それを実現するために技術的な表現に置き換えたものが、商品仕様となる。この"うれしさ"を見出し、次に商品仕様に置きかえるまでが真のニーズの把握になる（図2.21）。

　ダントツの目標値は、この真のニーズである商品仕様を受け、造る側の立場の表現に置き換えたものだ。先ほどの、商品仕様である$xx→xx'$へ性能を上げると、製品仕様は$xx'<xx''$性能となる。これは、商品仕様に対し余裕度や安全率を加味して造る側の表現に置き換えたものである。y%体格を小さくは、H/L/Wmmと具体的に決める。また、耐久性をz倍に上げるは、時間をz'倍にし、かつ、安全率を確保するため耐環境温度も$+a$℃にすることも考慮することになる。これが真のニーズの商品仕様とダントツ目標値の関係である。

　図2.22に示すように［低周波数域×検出距離］の仕様は、新たに見出

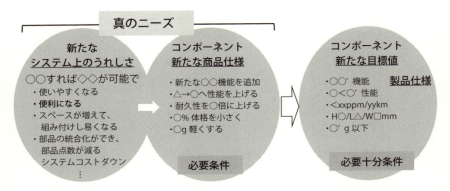

図2.21 真のニーズ把握とは、システム上のうれしさを商品仕様に置き換えるまで、その商品仕様を受けて、コンポーネントの目標値を設定する

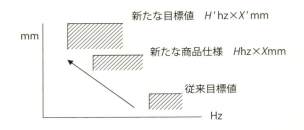

図2.22 従来目標値、新たな商品仕様、新たな目標値の関係

した商品仕様[＜Hhz×Xmm]に対し、製品仕様はマージンを入れ[Hhz×Xmm＜H'hz×X'mm]としている。こうすることで、システムコストダウンという"うれしさ"の実現につながる

　真のニーズとダントツ目標値の関係が整理できたので、ダントツ目標が満たすべき4要件について説明する。

2-2-2　ダントツ目標が満たすべき4要件

　ダントツ目標が満たすべき4要件とは、項目の妥当性、目標値の妥当

性、システム動向との整合性、成長タイミングとの整合性である。

(1) 項目の妥当性

先の新製品開発の例では、ダントツの項目として性能とコスト選んだ。ベンチママークの結果から、競合に共通する弱点を、システムの視点から考えていない、及び新たな発想の技術がなく、既存の技術から抜け出すことができていないと判断した。これを根拠とし、性能とコスト選んだのである。

このように、項目を決めるにはしっかりとした根拠が必要だ。Qだけでも、機能、性能、信頼性、体格、美しさ、重さ、取り付けしやすさなど、数多くの要素から成る。しかし、全ての要素を候補にすることは現実的ではない。そのため、項目の絞り込みが必要になってくる（**図 2.23**）。先の例では、性能の検討において、既存メーカーはシステムの視点が不足していると判断し、逆にシステムをしっかり調査すれば真のニーズがありそうだ、あるに違いないとの結論を得たのである。

根拠を踏まえるには、システムを良く知らねばならない。コンポーネントの設計しかしていないコンポーネント屋でも、システム屋として取

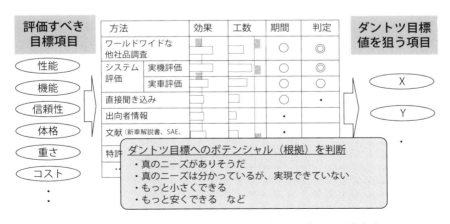

図2.23　ダントツ目標値を狙う項目は、根拠を踏まえて選定する

り組むことが求められる。

　この時、システムなんて分からない、とてもやりきれないなどと思う必要はない。色々な視点からの取り組みがあるからだ。例えば、実際のシステムを購入して実機調査をしてみることは比較的容易だ。エンジン単体は車に比べればはるかに安い。

　また、実車調査が効果的だと思えば、中古車で行えば、それほど部門費用の負荷にならないのではないか。もしお金がかけられないとしても、新車解説書や修理書からも十分知見を得ることが可能であり、専門書は図書館で読むことができる。

　さらに、特許調査も有効だ。調査項目を絞り、特許のトレンド調べるのだ。もちろん、可能なら上位システムを担当している部署への聞き込みは有効だ。やる気になれば、様々な方法が見えてくる。一歩を踏み出すことがなによりも大切になってくる。

　システム屋としての視点を持って取り組むことで、"この性能は真のニーズがありそうだ"、"この機能が真のニーズであると分かっているが未だ実現できていない"、"もっと小さく・軽くするとシステム上メリットがある"などの知見を見出すことができる。システムを知ると機能の簡素化方法が見つかり、ダントツコストの可能性が見えてくるのだ。

　真のニーズはある機能だと分かっていたが実現できていないとの知見を得て、それを実現した例を紹介する。オートワイパーシステム用レインセンサーを開発した時の経験である。

　このシステムは、レインセンサーでフロントガラスに付着している雨滴の状態を検知し、センサーに搭載しているマイコンで雨の状態を判断し、ワイパースピードを決定、ボディECUがこのセンサーからの信号に応じてワイパーを駆動するというものであった。1990年代後半に、国内で初めて車両に搭載された。

　最初はオプション設定であったが、2年ほど経って車両グレードによ

る標準設定が決まった。その標準設定用に、性能を向上し、かつコストダウンした次期型製品を開発した。その際に、性能とコストの改良を行うと同時に、世界初の機能も搭載したのだ。

　その機能こそ、オートイニシャライズ機能であった。オートワイパーを使った経験が有る方はご存知だと思うが、車に乗った時に、すでに雨はやんでいるが、フロントウィンドに水滴が残っている場合がある。そのような時は、キーONと同時にワイパーが自動で動き出し、視界を確保するシステムがある（それまでは、手動で動かさなければならなかった）。

　最初にオプションで出したものは、このオートイニシャライズ機能を持っていなかった。当時BOSCHなど数社がこのセンサーを市場に出していたが、オートイニシャライズ機能は搭載していなかったのだ。ニーズはあったが実現していなかったのである。まさに"この機能は真のニーズであると分かっているが実現できていない"に該当していた。そこでこの機能を次期型製品で開発し、搭載を実現した。これは、真のニーズの項目が、機能であった例である。

　このように、機能、性能、信頼性、体格、美しさ、重さ、取り付けしやすさ、コストなど、多くの評価項目の中から、まずはダントツ目標値を狙う項目を、根拠を持って選ばなくてはならない。

(2) 目標値の妥当性

　ダントツを狙う項目が選択できたら、次はその項目の値を具体的に決める。この時、値は2つの条件を考慮せねばならない。まず、根拠を伴っていること。根拠とは、その値からシステム上の"うれしさ"を具体的に説明できることである。次に、その値は、競合メーカーが実現できていないものであることである。以下で、機能、性能などいくつかの例を取り上げる。

第 2 章　先行開発で仕込むダントツ目標

【具体例】

①機能は、システムにとって具体的な"うれしさ"がなければならない。前項で紹介したレインセンサーで、対向車のライトを検知する機能追加を検討したことがあった。レインセンサーの搭載場所がフロントウインドウで前方認識に適していること、及びライト検知技術がレインセンサーの基盤技術の延長上にあったからだ。レインセンサー機能の1ランクアップであり、当時はこの機能追加が、お客様にとっての"うれしさ"を提供できると判断したのである。この機能アップは、カメラなど前方視認技術が急速に進化していた時期と重なり実現はしなかったが、仮に実現していれば、ダントツ機能をもつ製品となった可能性もある。

②性能も、システム上の"うれしさ"が定量的に説明できることが必要だ。かつ、ダントツを狙った製品の量産開始時には、競合メーカーが実現できないであろう値でなければならない。

「2-1」項の事例では、部品の統合化と取り付け加工の簡素化など、システムコストダウンがxxx円見込めた。かつ、ワールドワイドなベンチマークから他社には未だ達成できていない値であると判断した。

③信頼性も性能と同様、システム上に具体的な"うれしさ"があり、かつ競合に優っていることが必要だ。例えば、耐熱+t℃アップを目標値とすれば、搭載を車室内からエンジンルームに変えることができ、搭載の簡素化とハーネスを短くできる。耐熱150℃、耐震性を$294m/sec^2$、及び耐オイル製を○○する目標値を設定すれば、トランスミッション内搭載が可能となる。他社ができていなければダントツであろう。逆に、優れた技術でも他社も同レベルなら、もちろんダントツ目標値とはならない。

④体格は、搭載スペースが増えるなどのシステム上の"うれしさ"

と、競合メーカーより優位性があればダントツ目標値であることは性能と同じである。
⑤車載製品は、1mmでも小さく、1gでも軽く、1円でも安くすることが求められるので、システム上のメリットまで追求しなくとも、体格、重さ、コストは競合を圧倒すればダントツ目標値となるポテンシャルが出る。

このように、システム上の"うれしさ"が説明できるということは、その"うれしさ"から商品仕様が決まるということだ。この商品仕様と競合の実力を踏まえ、ダントツ目標値のありようを示したものが**図2.24**である。

楕円で囲ったA域は現在の状況を示し、自社、競合メーカー共に現在の商品仕様を満足し優位さがない。B域は、新たに見出した新たな商品仕様だ。自社品は満足している一方で、競合は低いレベルにあり、満足できていない。

このように、ダントツ目標値は、対象システムでの高いレベルの新たな商品仕様を満足し、かつ、競合に優位性があることの両立が必要であ

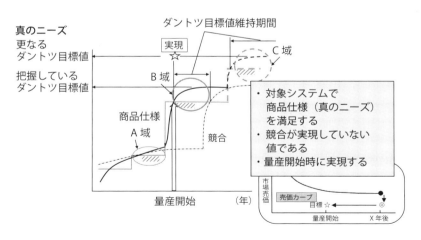

図2.24 ダントツ目標値は、真のニーズを満足し、競合が実現していない目標値

る。

　しかし、C域も注目せねばならない。B域の仕様がダントツ商品仕様であると判断して量産を開始しても、更なる高いレベルの商品仕様が見つかると、それを目指し開発を直ぐにスタートせねばならない。このようなことは十分起こりうる。

　こうしたケースの経験を紹介する。レインセンサーで、機能を限定して廉価版を開発した時のことだ。量産を開始して間もない時に、納入先の担当設計者から、海外のK社がcc%安価な価格を提案している、このままではK社へ発注することになると連絡が入った。そこで早速、K社に優るコストダウンタイプの開発を始めたのはいうまでもない。つまり、最初の目標値は思い込みの値であったのである。

　この例のように、ダントツ目標値が思い込みのダントツではないかという検討は十分にしなければならない。例をもう一つ挙げる。コストは、お客様にとっては安いに越したことはない。しかし、造る側としてのコスト目標値は、リーズナブルな値、すなわち適切な根拠を踏まえた値でなければならない。その根拠が売価カーブであった（図2.17）。すでに述べたが、このカーブから、数年後でも世界で勝てるダントツ目標値を見極めるのだ。そして、見極めた値は、量産開始時に前倒しで実現することが大切だ。全てのダントツ目標値に、値の妥当性がなければならない。

(3) システムとの整合性

　要件の3つ目は、目標値のシステムとの整合性である。「2-1」で、ATシステムの動向を調査し、それを踏まえてセンサーを選定したが、これもシステムとの整合性である。

　システムの動向を踏まえて製品を選定するということは、目標値設定の妥当性を見極めることにつながる。なぜなら、ダントツの目標値を設定しても、対象製品の将来性がなければ、ダントツ目標値自体に価値が

なくなるからである。従って、製品の動向をしっかり踏まえて取り組まなければならない。

図2.25に、お客様のシステムの動向と製品の動向示す。この図では、情報収集を踏まえて、システムは廉価、標準、高機能の3タイプで進化すると判断し、それを踏まえた製品のロードマップを描いている。このロードマップを下に、廉価システム用には廉価版製品を、標準システムにはそれに合った標準タイプの製品を、高機能システムには高機能製品を開発する計画は選択肢の一つである。

しかし、このロードマップが、システムの動向を本当に正しく踏まえているとは限らない。例えば、顧客は、廉価タイプシステムは5年後に廃止と決めているかもしれない。その情報がこのマップに書かれていると、開発品の取り組みは変わるだろう。廉価版は、最小減の取り組みで済ませることになる。もしくは、開発は中止し、一時的に採算が悪くなることは覚悟で、標準タイプを廉価システムに投入するなどの方法を考えることもあり得る。どちらにしろ、廉価タイプで勝負するような目標

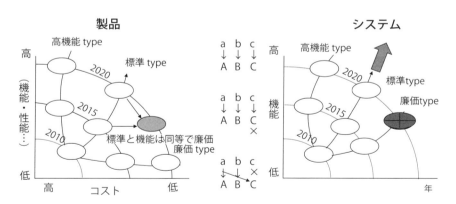

図2.25 システム動向を踏まえ目標値は設定する（例：コストを優先し機能を抑えることで、限定システムのみへの適用、主流システムの市場拡大でコストメリットが出た主流機能タイプへ置き換わる）

値の設定はなくなるであろう。

　また、このような可能性も考えられる。標準システムの市場が拡大し、標準タイプの製品の生産数量が飛躍的に増える。量産効果で標準タイプにコストメリットが出て、廉価版をカバーする。このような場合は、標準タイプが廉価版をカバーすることを予測し、ダントツコストを設定することになるであろう。

　このように、製品の目標値の設定は、システムとの整合性を考慮せねばならない。

(4) 成長タイミングとの整合性

　目標値は設定のタイミングが大切だ。「2-1」の例では、市場の変革が進み、自部署の売り上げが減少に転じてから取り組みを開始している。新製品開発の取り組みが一歩遅れたのである。

　開発には時間がかる。本来は、売り上げ減少が起こる前に新製品を投入できなければならない。これを"荒天準備"という。

　図2.26に荒天準備のイメージを示す。どのような製品でも、いつまでも成長し続けることはない。第1世代が成長している時に、第2世代を投入しなければならない。そうすることで、第1世代が減少に転じて

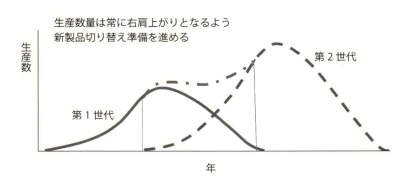

図2.26　荒天準備

も、第2世代が減少分をカバーできる体制を整えることができ、全体としての落ち込みを防ぐことができるのだ。この結果、売り上げが更に増える。これが荒天準備である。

荒天準備のためには、第1世代の量産を開始し始めて直ぐに第2世代の開発をスタートさせなければならない。すなわち、開発目標値の設定を行わねばならないのだ。ほっとしている間がないのである。儲かる製品の量産がスタートしたら、直ぐに次の手を打たねばならない。

こうした開発をタイムリーに行った例を図2.27に示す。車のデストリビュータと点火コイルの変遷である。最初は両製品ともオールメカであったが、4世代にわたって次第に電子化され、点火コイルにイグナイタが内蔵されたDLI（Distributor Less Ignition）とオール電子化タイプに進化した。各世代がタイムリーに投入され、順調に成長した製品である。

どのような製品も永遠には続かない。現システムに置き換わる新たなシステムが登場すると、製品そのものがなくなってしまう。車の電動化

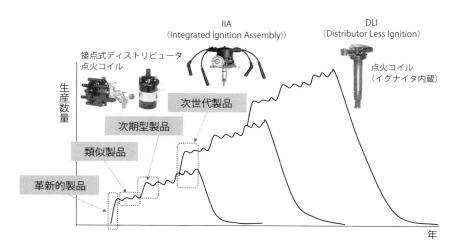

図2.27　4世代にわたり、進化した例

により、エンジンだけのシステムの減少が、ここ1, 2年で急激に現実味を帯びてきている。荒天準備に走り始めた企業も多いと推察する。

(5) ダントツ目標が満たすべき4要件まとめ

ダントツ目標が満たすべき4要件を以下に示す。

①目標項目の妥当性
- 機能、性能、信頼性、体格、美しさ、重さ、取り付けし易さ、コストなど多くの評価項目の中から、ダントツ目標値を狙う項目を、根拠を持って絞り込む

②目標値の妥当性
- システム上のうれしさを具体的に、できれば定量的に説明できること

  かつ、新たな目標値が直ぐに取って代わるような思い込みの値でないこと

  更に、競合メーカーが、まだ達成していない値であること

③システム動向との整合性
- システムの動向を予測し、それに合った目標値を設定する

  つまり、システムの成長を踏まえた値であること

④成長タイミングとの整合性
- 成長が見込める製品の量産を開始したら、直ぐに、更なる成長を目指した目標値を設定し、開発をスタートする。荒天準備であるダントツ目標値は、この4要件を満足せねばならない。

2-2-3 目標実現のためのプロセスとは

ダントツ目標は4つの要件が必要であることを述べた。項目の妥当性、値の妥当性、システムとの整合性、成長タイミングとの整合性であった。この要件を満足する目標値を見出し、実現の目途を付けるのが先行開発である。従って、先行開発は、それに相応しい取り組みが必要

だ。

　そのためには、先行開発の仕事の手順を決めておくことである。4要件を満たすダントツ目標値は、新製品開発の基本方針、開発対象製品の選定、製品開発方針などの取り組みを踏まえて決まる。決して、値だけを決めようとして決まるものでもない。更に、目標を決めた後は、それを実現する活動が伴う。これも目標が高いため容易ではない。思い付きでのやり方でこなせる仕事ではない。従って、これら一連の活動をやりきるための手順が決まっていることが大切になる。

　手順をしっかり決めることで、レベルの高いダントツ目標値とその達成する技術を後工程へ渡すことが可能となる。後工程とは量産設計であり、量産設計では先行開発のアウトプットを120％品質で達成する取り組みを行うことになる。従って、先行開発はしっかり取り組まねばならない。

(1) プロセスを構成する多くのステップの役割を理解する

　先行開発の手順を図2.28に示す。これは「2-1」の先行開発の取り組みを下に、普遍的な手順に置き換えたものである、以降、この手順を先行開発プロセスと呼ぶ。

　先行開発プロセスを説明する。ここでは、製品の選定からスタートするケースを想定している。大きな流れは、分野と製品選定、ダントツ目標値設定、ネック技術開発から成る。

・分野と製品選定
　－新製品を選定するため、システム分野を選び、次に製品を選定する
・ダントツ目標値設定
　－ダントツを狙う項目と値、すなわち、仕様を決定する
・ネック技術開発
　－ダントツ目標値を技術的に目途付けする

第2章　先行開発で仕込むダントツ目標

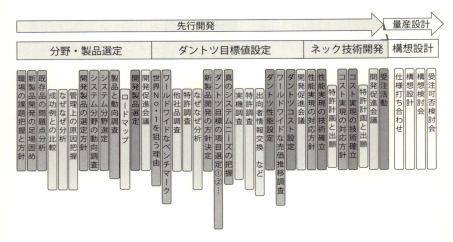

図2.28　先行開発のプロセス

　先行開発プロセスは、更に細かな40近くのステップから構成される。これらのステップは次の3つのグループに分類できる。
　①第1グループ
　第1グループを**図2.29**に示す。これなしでは先行開発のアウトプットが出ない、なくてはならない骨格となる実施項目である。
・開発製品の選定
　－世界No.1を狙う開発品を決める
・ダントツ目標値設定
　－世界No.1製品を実現する目標値を決める
・ネック技術の確立
　－ダントツ目標値実現をめどづけする技術を確立する
　（以下、ダントツ目標値設定はダントツの性能設定とダントツコスト設定、ネック技術の確立は性能実現の技術確立とコスト実現の技術確立と、具体的な表現で表す）
　これらのステップを踏むことで、なんらかのアウトプットは出る。し

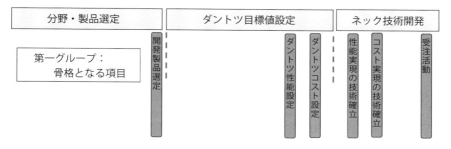

図2.29　第1グループ：骨格となるステップ

かし、それがダントツ目標値の4要件を満足できているか、その目標値を技術的にクリアできているか、不安が残る。

そのために、第2、第3グループがある。

②**第2グループ**

第2グループは、第1グループの抜けを防ぎ、質を高める取り組みである（**図2.30**）。実施ステップは以下の通り。

・新製品開発の足場固め
　－開発体制、人工、開発費の捻出
・既存品の問題点分析
　－今までの開発の取り組みを振り返り問題点を洗い出す
・開発製品の選定方針
　－新規開発する製品の選定方針を決める
・システム分野の動向調査
　－製品選定のため、上位システム分野動向を把握する
・システム分野選定
　－自部署にとって将来有望なシステム分野を選ぶ
・製品の動向調査と選定
　－選んだ分野の動向を把握し、有望な製品を選ぶ
・世界No.1を狙う理由

第2章 先行開発で仕込むダントツ目標

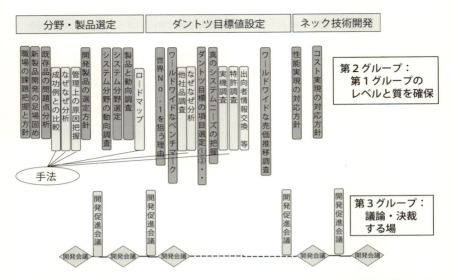

図2.30 第2・第3グループ：第1グループのレベルと質を確保、及び議論・決裁

　　－高い目標へ取り組む理由付けをメンバー間で共有する
・ワールドワイドなベンチマーク
　　－世界の主な競合メーカー製品を知り、世界No.1になる開発方針を決める
・ダントツ目標の項目選定
　　－ダントツ項目の妥当性を確保する
・真のシステムニーズの把握
　　－ダントツ目標値の妥当性を確保する
・ワールドワイドな売価推移調査
　　－ダントツコスト目標設定のため、売価カーブを描く
・性能実現の対応方針
　　－性能実現のネック技術解決への対応方針を決める
・コスト実現の対応方針

－コスト実現のネック技術へ対応方針を決める
更に、様々な手法が実施ステップの中に組み込まれている。
既存品の問題点分析には以下の手法を活用する。
・成功例との比較
　　－（社内の）売り上げ、利益大の製品の取り組みと自部署の取り組みを比較する
・なぜなぜ分析
　　－売り上げが少ない原因を掘り下げる
・管理上の原因把握
　　－なぜなぜ分析から管理上の原因を見極める
製品動向調査と選定は以下の手法を活用する。
・ロードマップ
　　－システムロードマップを描くと、取り組む製品の選定につながる
ワールドワイドなベンチマークは、
・他社品調査
　　－世界の主な競合メーカーの製品を精査すると、ダントツの切り口につながる
・なぜなぜ分析
　　－他社製品調査結果から得た他社の弱点から、管理上の原因を推定する
真のシステムニーズの把握では以下の手法を活用する。
・実機調査
　　－システム屋として選定した製品の上位システムの実機を調査する
・特許調査
　　－システム屋として上位システムを勉強する
・出向者情報交換など
　　－定期的な情報交換会など工夫する

③第3グループ

第3グループは、第1、第2グループの活動結果を検討、議論、審議、決裁する場である。この場は、節目の節目開発会議と要素作業毎の個別開発会議から構成される。要素作業毎の個別開発会議は、第2グループのステップで議論すべきと判断できるタイミングで持つ。できるだけ手戻りを減らすため、こまめに行うと良い。

なお、後述する量産設計では、検討・議論と審議。決裁は別の会議体にするのが望ましい。それは、量産設計では100万個に1個たりとも不具合を出さない抜けのない取り組みが求められ、設計ステップ自体が綿密に構成される。緻密さの確保は、決裁の場のみでは難しい面がある。

一方、先行開発は大きな目標設定とその実現に向けた技術的な取り組みであり、チャレンジと大胆な活動が大切だ。先行開発は、議論と決裁を同時に行うのが良いであろう。

節目の節目開発会議は、
・開発する新製品を選んだタイミング
・ダントツ目標値を設定したタイミング
・ネック技術の目途付けができたタイミング

で行う。また、製品を選ぶ前の、分野を選んだタイミングでこの会議を持つことも1つの選択肢である。

各節目の節目開発会議は、課題が残っている間は安易に次のステップへ移行するのでなく、課題が解決するまで繰り返し行うことが大切だ。先行開発で課題を抱えたまま量産設計へ移行すると、量産設計で致命的なダメージをもたらすことも覚悟せねばならない。なぜなら、目標値が間違っていると、量産設計自体が間違った目標に向けた取り組みとなるからである。ネック技術の目途付けが未消化のままでは、量産設計で大量生産に堪え得る技術でないことが判明し、技術の解が見つからず、最悪大量不具合を引き起こすことも覚悟せねばならない。この意味で、先

行開発はその製品の開発の成否を決める取り組みである。

　まとめると、第1グループは骨格となるステップで、先行開発プロセスがなくても必ず行う作業である。先行開発プロセスが充実しているかどうかは、第2、第3グループが充実しているかどうかである。また充実していたとしても、内容を伴う取り組みができているかが大切だ。形式的に取り組んだのでは、真のダントツ製品を市場に出すことはできない。

　形式に陥りやすいのは方針決めである。方針決めのタイミングは3回ある。新製品の選定開発方針と選定した製品の開発方針決定、更に、ネック技術への取り組みの方針決めである。このプロセスでは、決定のためには判断に必要な情報収集を根気よく行わねばならないし、その情報分析にはなぜなぜ手法を用い、しっかり議論することが求められている。根気のいる作業だが、本気になって取り組まねばならない。方針が適切でないと、その後の取り組み自体の適切さが失われる。

　他のステップも全て同じように、形式に陥らないよう、形骸化しないよう取り組まなければならない。

(2) プロセスを構成する3つのグループの捉え方

　この3つのグループからなる先行開発プロセスは、図2.31に示す捉え方ができる。

　先行開発の一般論としての基本的な流れを「1-7」で述べた。それは、基本方針、テーマ選定、VOC明確化、分析／目標設定、評価であった。ここで取り上げた先行開発プロセスを当てはめると、

・基本方針は、新製品開発の基本方針
・テーマ選定は、新製品選定
・VOC明確化は、真のニーズ発掘のための情報収集
・分析／目標設定は、収集した情報からのダントツ目標値の設定
・評価は、ネック技術をクリアし、ダントツ目標を実現

第2章　先行開発で仕込むダントツ目標

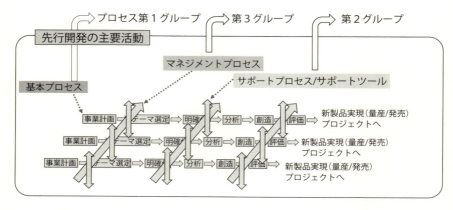

図2.31　基本プロセス、サポートプロセス、マネジメントプロセス

に対応する。すなわち第1グループは、主にこの基本の流れであり基本プロセスだと言える。

　第2グループは、第1グループからレベルを上げ、抜けを防ぐ取り組みであった。すなわち、第1グループをサポートするプロセスであり、いくつかの手法も用いていた。従って、第2グループは基本的なフローである第1グループをX軸とすると、それに直行するY軸になるサポートプロセス/サポートツールといえる。そして第3グループは議論と決裁の場であったが、これはマネジメントの場でありマネジメントプロセスといえる。このマネジメントプロセスは、第1グループのX軸、第2グループのY軸に対し、Z軸方向に位置付けされる。

　つまり、先行開発プロセスは40近くのステップで構成されるが、それは基本プロセス、サポートプロセス、マネジメントプロセスから構成されていることが分かる。

　職場の先行開発のプロセスが、この3つのプロセスから構成されているという観点で点検することも大切だ。

2-2-4 ダントツ目標値の実現のための阻害要因の打破

ここまで述べてきたように、ダントツ目標値は真のニーズを踏まえたレベルの高い商品仕様を満たすものであり、多くの場合、職場の基盤技術だけでは直ぐに対応できない技術課題、つまりネック技術がある。このネック技術をクリアせねばならないが、基盤技術では直ぐに対応できないということは、今迄の取り組みの延長上ではなく、1ランク、2ランク高い取り組みであることを意味する。ブレークスルーを目指さなければならないのである。

(1) 阻害要因を抽出し乗り越える

図2.32に、狙い値と実力値の間の阻害要因のイメージを示す。仕様Aの現在の実力Xに対し、真のニーズの商品仕様を満たすXXを狙う。現在の実力がXであるのは、仕様Aを構成、もしくは影響する要因がマイナスの影響を与える部分があるからである。そのマイナスの影響をなくすか小さくできれば、XXに到達する可能性が高い。更に、完全になくすか限界まで小さくできれば、その時の値が、仕様Aが到達できる潜在限界値LXXとなる。

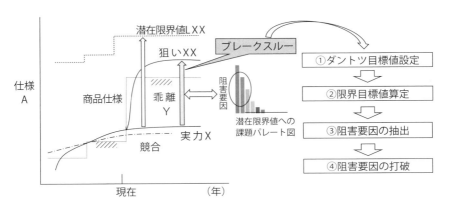

図2.32　狙い値と実力値の間の阻害要因を打破する

第2章　先行開発で仕込むダントツ目標

つまり、潜在限界値LXXと現実力XXのギャップは、その仕様を構成する複数の要因のマイナス影響分の集まりである。この要因のマイナス影響分を「阻害要因」と呼ぶ。**図2.33**に阻害要因のイメージを示す。この図では、潜在限界値と現実力とのギャップの乖離分Yは阻害要因y_1、y_2、y_3‥から構成される。このy_1、y_2、y_3‥の全てをなくせば、限界性能に到達できることになる。しかし、現実的に、全ての阻害要素をなくすことはできない。この内のいくつかをなくすか小さくすることで、新たな高い目標値を達成できる。

これを踏まえると、高いレベルの目標、ダントツ目標を達成する手順はこうだ。ダントツ目標値を設定し、潜在限界値を見極め、阻害要因を抽出し、阻害要因を打破する（図2.32）。

「2-1」で紹介したダントツコストの例では、ワールドワイドに他社製

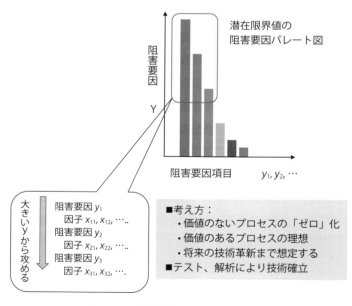

図2.33　阻害要因は階層からなる

品の弱点を調査し、コストアップの要因、すなわち阻害要因を抽出した。大きな阻害要因は信号の変換にあり、その機能にコストがかかっていた（図2.18）。そこで、世界に広く技術を求めることで、信号変換機能のコストを低減した。信号変換にかかわる阻害要因の打破に取り組んだのである。

もう少し細かく見ると、信号の変換機能は、信号の変換、素子の固定、基板の固定、外部取り出し機能との結合など複数の機能から構成されている。

これは、阻害要因は、階層にブレークダウンも考慮しなければならないことを示している。図2.33に示しているが、阻害要因 y_1 は、更に、y_{11}, y_{12}, y_{13} ‥から構成される可能性があるということだ。以下、それぞれ視点が異なった阻害要因の例を3つ上げる。

例1（**図2.34**）は、性能をより高めるための取り組みだ。潜在検知性能が5mm、現実力は1.5mm、新たな目標は3mmである。阻害要因は、マグネット特性のバラツキY1mm、素子検知能力のバラツキY2mm、素子とマグネットを筐体へ固定する位置のバラつきY3mm、素子とマグ

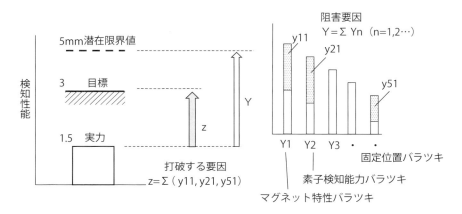

図2.34　阻害要因打破（例1）：性能をより高める取り組み

ネットの温度特性による性能低下Y4mm、高速回転域での素子の検知性能低下Y5mm。潜在限界値$5 - \Sigma y_n (n = 1 \sim 5)$で現在の実力は1.5mm。

　このケースでは、目標実現のために、マグネット特性のバラツキと温度特性を改良する。素子をグレードの高いものに置きかえる。筐体の構造を見直し、取り付けバラツキを低減するなどの、現状の打破に取り組むことになる。この例はで、潜在限界値を把握し、現実力の間にある阻害要因を見出し、その阻害要因への対策を取っている。

　例2（**図2.35**）は、体格を小さくするための取り組みである。現体格を1/2にすることを目標に置いている。構成部品が占める体積割合をパレート図で表し、次にそれぞれの構成部品の体積低減の案出しを行い、潰していく。この場合は、体積低減案が打破する要因である。

　例3（**図2.36**）は、出力変動要因を抑えるための取り組みである。A特性の変動目標値は2%だ。まず、出力変動に影響する可能性のある要因を書き出し、要因分析図を作成する。次に、各要因の影響の中で変動幅に影響する要因を絞り込む。それを積み上げたのが図中の棒グラフの変動予測値R%である。この棒グラフは、阻害要因を積み上げたものである。阻害要因を全てなくせば、変動幅0%となる。目標値が2%なの

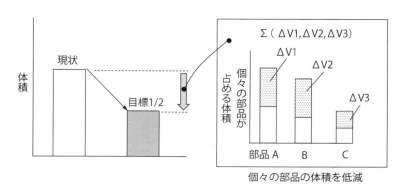

図2.35　阻害要因打破（例2）：体格を小さくする取り組み

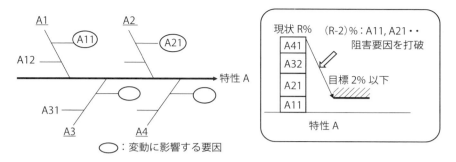

図2.36 阻害要因打破（例3）：変動要因を抑える取り組み

で、(V-2)％に相当する阻害要因を抽出して低減、すなわち、打破することになる、

3つの例の視点の違いは、

・1例目は、潜在限界値と現実力値とのギャップを構成する要因を全て見出し、その中で目標値達成に必要な要因を潰していく。性能向上、コスト低減などに適用できる

・2例目は、現実力値に対して目標値を設定し、そのギャップを埋めるために必要な要因を見出し、それを打破する。体格低減、コスト低減などに適用できる

・3例目は、変動を一定値以下に抑える場合である。目標値に影響を与える可能性がある全ての要因を見出し、次に影響がある要因を絞り込み、その中から打破する要因を選ぶ。いずれも、阻害要因を見出し、打破することに変わりはない

(2) 発想、体制、マインド

ダントツ目標値をクリアするには、阻害要因を見出し、打破せねばならない。阻害要因打破と言葉で言うのは簡単だが、現実は厳しい。なぜなら、現在の実力値はできる範囲内で阻害用品を打破してきたものであり、今から取り組まねばならない阻害要因は、現状の基盤技術だけでは

71

打破できないからこそ残っているのだ。

　これがネック技術である。ダントツ目標値をクリアするには、どうしてもネック技術を乗り越えなければならない。それに耐え得る取り組みをしなければならないのである。

　ネック技術を乗り越えるための課題は、2通りに分かれる。一つは、必要な技術は分かっているがそれが職場にはない場合、もう一つは、どのような技術が解決してくれるのかが分からない、つまり必要な技術自体が分からない場合である。

　「2-1」の例では、最適な磁気回路を見出すため、当時社内になかった3次元磁場解析が必要であった。そこで、解析部署などとチームを組み、解析システムの導入を担当部署へ働きかけて実現した。この例は、必要な技術は分かっているが、その技術が職場にはない場合である。

　一方で、コストについては、世界に広く対応できる技術を求める取り組みからスタートした。技術を選ぶところからスタートしたのである。その技術の評価は、社内で生産技術の専門部署とチームを組み実施した。これは、使うべき技術自体が不明で技術の選定から行った場合だ（図2.37）。

　両者に共通しているのは、他の部署との連携し、チームを組んで行っていることである。更に、他部門や他社の成功事例を学ぶことが、世界に技術を求めるきっかけになっていたことも忘れてはいけない。他の成功例を謙虚に学ぶ姿勢が必要とされるのである。

　ダントツ目標達成のための阻害要因打破は、職場の基盤技術のみでは対応できない、技術を自部署以外に求めなければならないのである。設計者は簡単にあきらめてはならず、自ら動くしかない。また、このような活動は一人でできるものではない、チーム組み、チームを率いねばならない。

　チームを率いるためには、活動に相応しい発想、体制、マインドが求

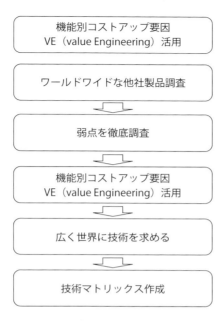

図2.37 果敢な取り組みが求められる

められる。以下に、そのポイントをまとめる。

【発想】

①現状を疑う。現状の技術、設備、プロセス、常識と言われていることに縛られず、先入観をもたずに検討する

　この原稿を書いている時に、ある新聞記事が目に留まった。道路工事で車線が狭くなっていることを近づいてくる車に超音波で知らせる技術についてであった。超音波が車に当たると周波数が変わり、ドライバーに聞こえる音となる仕組みだ。超音波は直進性があり、周りの車や人には伝わらないため騒音とならない。

　なぜこの記事が目に留まったのか。車の自動運転化に向けた課題の一つに、横断歩道を渡りかけている人へ、車が止まりますとか、後ろにいる人へ注意を喚起するメッセージを伝えることがある。このメッセージ

の音声が騒音とならないように、伝えるべき特定の人のみに伝えることが課題となっているのだ。そのような製品が開発できないかと仕事上思考していたのだが、この記事が目に留まるまで、音源は可聴域の周波数でなければならないとの固定観念から抜け出すことができなかった。つまり、常識にとらわれていたのである。音源は人に聞こえない超音波とし、被写体にぶつかることで可聴音に変わる。これはまさに発想の転換である。発想を変えられると、技術の検討範囲が飛躍的に広がるのだ。

②リスクを恐れすぎない

リスクを回避すると、思考が狭くなりがちでありなかなか一歩が踏み出せない。リスクを取るとは、チャレンジすることである。一回でうまくいくとは限らないが、失敗しても、失敗してもあきらめないことが大切だ。そして、チャレンジして失敗しても、それを認める職場の風土づくりが必須である。

③他部門、他社、他産業の成功事例を学ぶ

取り入れるものはないか謙虚に調べると、新たな気付きが生まれる。「2-1」では、回路基板と筐体を一体化してコストダウンを実現した例を学び、自部署の開発品のコストダウン発想のヒントにした。

【体制】

全社的な組織と人の総合力が発揮できること。そのための取り組みが必要で、その一つが、多岐な専門部署とクロスファンクショナルチームを組むことである。異なる分野の専門家でチームを組み、知恵を融合することで新たな気付きが生まれる。

製品開発テーマのクロスファンクショナルチームの例

◇事業部

設計：製品固有の技術はプロフェッショナル

品質：量産の視点での品質保証のプロフェッショナル

生産技術：工程設計のプロフェッショナル

生産：現場の作業の視点でのプロフェッショナル
◇機能部
要素技術（材料・加工…）の専門家
生産システムの専門家

図2.38に示すように、新製品開発テーマに対し、製品開発チームと生産技術開発チームがそれぞれの開発テーマにチームを組み検討を進める、1回/月など定期的に両チームが集まり合同検討会を持つ、進捗の報告と課題に対し知恵を出し合い新たな気付きにつなげる、などの活動が有効である。

【マインド】
・全てのステップに情熱を持って取り組む
・阻害要因について、要因や対応を徹底的に考え抜く
　情報収集など粘り強く、あきらめず足で稼ぐ
・特に、プロジェクトリーダはやり抜く気概が大切

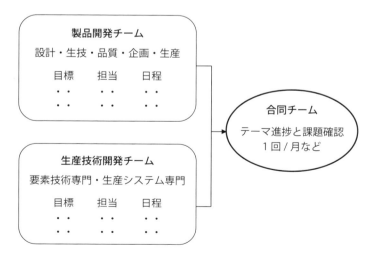

図2.38　クロスファンクショナルチーム活動（例）

メンバーのモチベーションの維持、高揚を行わねばならない

更に、必要なメンバー確保、考える時間確保に取り組まねばならない

阻害要因を打破するためのまとめを、以下に述べる。

・ダントツ目標の達成のためには、潜在限界値を見極め、阻害要因を抽出し、阻害要因の打破する
・阻害要因とは、潜在限界値と現実力のギャップを構成する要因である。その要因は通常大小複数存在するが、いずれも現在の職場の基盤技術では容易に取り除くことができない、技術的対応ができないもの
・阻害要因を乗り越えるには、常識を疑い、リスクを恐れすぎない発想と、多岐にわたる専門部署とのクロスファンクショナルチーム活動、及びプロジェクトリーダの情熱が大切

2-2-5　先行開発段階の7つの設計力要素とは

　ダントツ目標が満たすべき4要件、目標値をやり遂げる先行開発プロセス、及び目標値を実現する阻害要因打破について述べてきた。ダントツ目標値を実現するためには、これらに取り組み、乗り越えねばならない。つまり、これらはやりきるべきことであり、やりきるためには、それに相応しい設計職場、設計者でなければならない。

　そこで以下では、ダントツ目標値を実現するための設計職場、設計者のありよう、すなわち設計力について述べる。

(1) 7つの設計力の前提条件

　ダントツ目標値を実現するための設計職場、設計者のありようを明らかにするため、まずは良い仕事をするための必要十分条件を考える。良い仕事とは、良いアウトプットを出すことである。先行開発の良いアウトプットとは、ダントツ目標値の実現の目途付けであった。

良いアウトプットを出す条件を**図2.39**のV字モデルに示す。これは先行開発や設計段階の取り組みだけでなく、全ての仕事に共通するものである。

　まず、仕事の目標が明確であること。次に、目標を達成する仕事の手順が決まっていること。更には、その手順に従って作業をする良い環境があること。仕事の手順が決まっており、良い環境があればおのずと良い作業結果が期待できる。

　ところが、これらが揃っていても結果がいつも正しいとは限らない。そこで、結果が正しいか否かを判断する判断基準が必要になる。ただ、判断基準と結果を比較して直ぐに○×が付けられるとは限らない。議論の後に決裁する場合も多いであろう。

　このように、結果と判断基準を比較して検討・議論、審議・決裁する

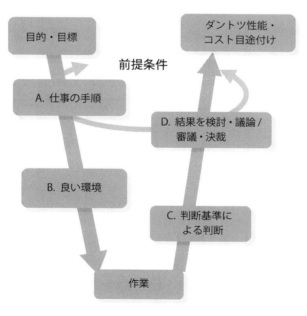

図2.39　良いアウトプットを出す前提条件

場があれば、ほぼ間違いのない結果が得られる。このようにして得られた結果が、良いアウトプットである。目標が明確、手順がしっかりある、良い環境・判断基準がある、議論・決裁の場がある、これが良いアウトプットを得る前提条件である。そこで、これを先行開発に当てはめてみる。

(2) 7つの設計力要素

上記の良いアウトプットを出すための前提条件に、先行開発に必要な要素を当てはめる（図2.40）。まず、目標はもちろん、ダントツ目標値の実現である。仕事の手順は、ダントツ目標値を実現する、先に述べた先行開発プロセスである。

良い環境は、ここに技術が該当する。いわゆる、技術的な知見である。しかし、良い環境はそれだけではない。シミュレーションに必要な

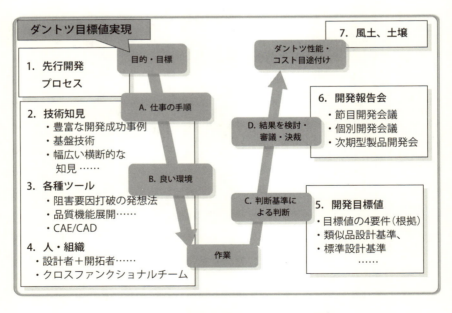

図2.40　先行開発段階の7つの設計力要素

CAEなども必要であり、管理上の原因を掘り下げるなぜなぜ分析手法などの各種ツール類も必要になる。更に、それらを活かす人と組織がなければならない。これらの技術知見、ツール、人・組織を良い環境という。

判断基準は、目標値が4要件を満足しているか、阻害要因の打破の方法は正しいかなど多くあるが、先輩や上司の経験に基づく判断材料が重要な一方で、職場蓄積されている技術資料も大切な判断基準だ。議論・決裁は、節目の節目開発会議や要素作業単位の個別開発会議となる。

良いアウトプットを出すための前提条件から見える設計力は、以下の6つの要素である。

①先行開発プロセス
②技術的な知見
③各種ツール類
④人と組織
⑤判断基準
⑥検討・議と審議・決裁

更に必要なことは、これらの6つの設計力を、手を抜かずに実行できる職場の風土・土壌である。いくら設計力があっても、真剣に取り組まねば良いアウトプットは期待できない。風土・土壌が7番目の設計力であり、ダントツの目標値実現には、この7つの設計力要素が必要である。

2-2-6　先行開発段階の7つの設計力要素を構成するもの

ここでは、先行開発に必要な7つの設計力要素について詳しくみる。

(1) 第1番目の設計力は先行開発プロセス

第1番目の設計力は先行開発プロセスである。これは、「2-2-3」の図2.28で解説している。基本的な仕事の流れは、職場課題の把握からスタートし、新製品開発の基本方針を立て、取り組む分野の選定、新製品

の選定、新製品開発の基本方針、ダントツ目標値設定とネック技術の目途付けであった。これは新製品開発の普遍的な流れといえる。

　この基本的な流れを踏まえ、詳細な手順を明らかにしたものが先行開発のプロセスである。「2-2-3」の例では、40近くのステップから構成されていた。これらのステップは3つのグループから構成され、基本プロセス、サポートプロセス、マネジメントプロセスであった（図2.31）。

　実は、これらのそれぞれのステップにもV字モデルが存在する（**図2.41**）。ここでは、"新製品の開発方針"のステップを例に、解説する。

　手順は、

他社製品精査で問題点把握→なぜなぜ分析で競合の弱点把握→開発方針決定

である。必要な知見は他社製品の情報収集力、分解調査力、コスト見積力などであり、ツールは、なぜなぜ分析活用力である。さらに、情報収集やなぜなぜ分析を粘り強く取り組める情熱、なぜなぜ分析でメンバーのモチベーションを維持できるリーダシップ力が必要となる。

　判断基準は、なぜなぜ分析の内容を判断できる、豊富な開発経験である。議論・決裁の場は、もちろんなければならない。更に、開発方針決めに、十分な時間をかけることに価値を見出す風土がなければならな

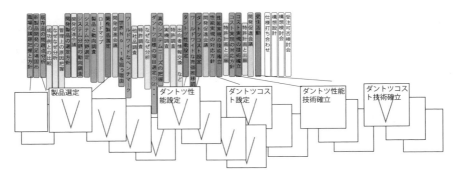

図2.41　先行開発プロセスの各ステップにもV字モデルがある

い。方針は机上で決めれば済むことだ、それより早く次のことをやろうとする職場でないことが大切だ。

　このように、各ステップが小さな先行開発の単位であり、それぞれのステップに設計力が存在する。各ステップで設計力を定義して取り組むことは現実的でないが、それぞれのステップにはそれぞれのV字モデルがあると意識しながら進めることは大切だ。

　この各ステップの7つの要素をまとめたものが、ここで取り上げている7つの設計力要素である。

(2) 第2番目の設計力は、豊富な技術的知見

　ネック技術対応は、必要な技術は分かっているがそれが職場にはない場合と、どんな技術が解決してくれるのかが分からない、つまり必要な技術自体が分からない場合の2通りに分かれる。どちらにしろ、新たに技術を開拓しなければならない。しかし、新しい技術の開拓は、ベースとなる技術が備わっていて初めて可能となる。

　つまり、今までの製品開発の豊富な経験があること、また、ベースとなる基盤技術がしっかりしていることが前提となるのだ。基盤技術がしっかりしているとは、今迄に開発してきた製品の固有技術が根付いているということであり、それとともに、幅広い横断的な要素技術が備わっているということだ。

　更に、成功技術開発の事例が豊富にあることも大切だ。製品が異なっても、考え方は応用ができる場合が多い。例えば、「部品単位でなく機能単位で考えるとコストダウン案が出やすい」と言葉で聞くだけでは実感が伴わないが、具体的な事例が一つあると理解が数段深まり、目の前の課題に対し発想が豊かになる。成功事例が自部署になければ、社内の他部署の事例に学ぶことも大切だ。失敗事例の共有化だけではなく、成功事例のデータベースによる情報共有化も行いたいものである。

(3) 第3番目の設計力は、各種ツール

　阻害要因の打破一つをとっても、どのような技術が解決してくれるかが分からない、つまり必要な技術自体が分からない場合もあると述べた。そのため、現状を疑い、現状の技術、設備、プロセス、常識と言われていることに縛られず、先入観をもたずに発想することが必要であった。けれども、そうは言ってもこれは簡単なことではない。

　そのための手法として、ブレーンストーミングや、先の事例ではブルーオーシャン思考もあった。他には、TRIZ、品質機能展開、VE（Value Engineering）など様々な方法がある。いろいろ試してみること、それが答えへの近道になろう。近年では、3D-CADやCAE（computer aided engineering）による、磁場解析、流れ解析、熱伝導解析、音の解析など様々な解析技術が進んでいる。必要に応じてこれらを使いこなせると、開発の質とスピードアップが期待できる。

(4) 第4番目の設計力は、人と組織

　先行開発においては、この「人と組織」という設計力は特に重要である。特に、人のありようが大切になってくる。なぜなら、これまで述べてきたことを一言で言うとすると、「先行開発は未知への挑戦」となるからである。開発前に分かっている部分はわずかである。

　紹介した事例でも、当時、進出すべき分野の選定について、だれも答えは持っていなかった。自分たちで地道に、粘り強く情報収集することから導き出した応えであった。新製品の選定も同様であったし、新製品の開発方針も、ワールドワイドに集めた情報を踏まえて、なぜなぜ分析で納得いくまで議論を積み重ねている。

　ネック技術への対応も、やりとげるという情熱があって初めて可能となる。先行開発に携わる設計者は、こうでなくてはならない。誰も答えは持っていないし、もしも誰かが答えを持っているとするならば、やっても付加価値が低く、ダントツ狙いの点では失敗に終わる可能性が高

い。

　このことを踏まえると、人は、技術屋＋開拓者でなければならないと言える。

　技術屋＋開拓者であるためには、課題把握力・情報収集分析力・システム理解力・他社製品調査力・ベンチマーク力・特許調査力・実機調査力・実験力・ロードマップ活用力・システム動向情報収集力・特許出願力など、開拓するためのスキルが必要だ。

　更に、チャレンジ・課題を打破するやり抜く気概や情熱をも持たねばならない。未知の開拓はチームプレーとなるため、チームのモチベーションを上げるリーダシップ力も重要だ。情報収集も、彼が聞くのだから協力しようと思ってもらえると、得るところが大きくなる。日頃の仕事力が試されると言ってもいい。

　組織も、未知の領域を切り開くことを踏まえなければならない。それには、身近な限られた範囲の人材による組織ではなく、全社的に人を結集した総合力が発揮できる組織の取り組みでなければならない。それを実現する一つの方法が、クロスファンクショナルチーム活動だ。事業部内関連部署だけではなく、機能部などの要素技術部署や解析専門部署、開発費を握っている企画などの部署も参画が必要であろう。

　社内だけの技術で不十分な場合は、専門メーカーとの協業も必要になってくる。このような組織を構築し、組織が機能するようリードする能力も、先行開発に携わる設計者には求められる。

(5) 第5番目の設計力は、判断基準

　ダントツ性能を具現化していくためには、幅広い判断基準が必要である。新製品選定の基本方針を承認するか、製品開発の方針を承認するか、ダントツ目標値は4要件を満足しているか、ネック技術対応は妥当であるかなど、判断をするタイミングは数多い。それぞれのタイミングで的確に検討、承認するためには、それに呼応するだけの判断基準が必

要になる。判断基準は、開発目標値と4要件や、その職場に積み上げられてきた標準設計基準、類似品設計基準など、横断的な要素技術の基準などを総動員せねばならない、

　更に先行開発で必要なのは、開発成功事例である。先行開発に続く量産設計では、品質重視の観点から過去の失敗から学んだ知見が重要である（俗に「過去トラ」と呼ばれる）。先行開発は未知の分野や技術の開拓であるから、これに加えて、開発成功の事例が大切である。過去トラのデータベース化に比べ、成功事例の体系化データベース化はあまり注目されていないかもしれないが、同様に大切な基準類なのである。しっかりと整備したいものだ。

　先行開発と量産設計における豊富な経験も必要である。豊富な経験を踏まえ、先行開発の各ステップから見出される未知の領域における結果に対し、判断を下さなければならない。

(6) 第6番目の設計力は、検討・議論、審議・決裁

　判断基準と結果を比較して決裁する場合、十分な議論を踏まえて決裁すると間違いが起こりにくいであろう。結果と判断基準を比較して、検討・議論、審議・決裁する場が必要だ。

　決裁の場としては、先行開発プロセスの節目で行う節目開発会議と、要素作業のステップで議論すべきと判断するタイミングで持つ個別開発会議がある。個別開発会議はできるだけ、手戻りを数少なくするため、こまめに行うと良い。

- 節目開発会議
  - 製品分野と製品選定、ダントツ目標値設定、ネック技術開発した各タイミングで行う
- 個別開発会議
  - 要素作業のステップで議論すべきと判断したタイミング、例えば、既存の問題点の分析、開発製品の選定方針、システム分野選

定、新製品の開発方針決定など

なお、「2-2-3」で述べているが、後述する量産設計では検討・議論と審議、決裁は別の会議体にするのが望ましい。それは、量産設計では100万個に1個たりとも不具合を出さない抜けのない取り組みが求められるからだ。一方、先行開発は重要な目標の設定とその実現に向けた技術的な取り組みであり、チャレンジと大胆な取り組みが大切だ。議論しながら同時に判断、決裁していく方法が合っている。

(7) 第7番目の設計力は、風土・土壌

ものづくりの姿勢をWAYと表現すると、守りのWAYと変革のWAYがある。守りのWAYは、品質、コスト、納期である。これは量産設計には必須だ。しかし、先行開発のような未知を切り開く活動はこれだけでは不十分で、高い目標への挑戦と新たな技術へ開拓が何より大切になってくる。これが、変革のWAYである。先行開発の職場には、変革のWAYがなければならないのだ。ものづくりには、守りのWAYと変革のWAYが両立する風土が必要だ。

また、チャレンジは、一回でうまくいくとは限らない。むしろ失敗を繰り返す場合が多いだろう。そのために、失敗をある程度許容できる風土もなければならない。失敗しても、チャレンジを評価する風土が必要だ。

例えば、高い目標にチャレンジし、1年後に成果が50％しか出ていないケースと、通常業務を100％達成した場合と、読者の会社ではどちらに高い評価を与えるだろうか。ダントツ目標を実現するには、たとえ50％しか達成できていなくとも、高い目標を選び果敢に挑戦した設計者に高い評価を与えることが必要であろう。

(8) 常に設計力要素を構成するものを探求する

これら先行開発の7つの設計力要素を構成するものを表2.1に示す。**先行開発にのぞむにあたって必要となる要素をまとめたこの表は、本章**

表2.1　先行開発の7つの設計力要素を構成するもの

要素	具体的に備えるべきもの
1. 先行開発プロセス	システム動向調査・製品動向調査・ベンチマーク・真のニーズの把握・ダントツ目標値設定・達成技術確立……　〜40Step
2. 技術知見・ノウハウ	・豊富な開発成功事例（集） ・横断的な要素技術・基盤技術、数多くの製品固有技術…
3. ツール	・阻害要因打破（ブレークスルー）のための発想法 ・なぜなぜ分析、機能展開・VE…　CAE/CAD…
4. 人	**技術屋＋開拓者** ・課題把握力・情報収集分析力・システム理解力・他社製品調査力・ベンチマーク力・特許調査力・実機調査力・実験力・ロードマップ活用力・システム動向情報収集力・特許出願力… ・チャレンジ・課題を打破するやり抜く気概・情熱… チームのモチベーションを上げるリーダシップ力
組織	クロスファンクショナルチーム・専門メーカとの協業…
5. 判断基準	・開発目標値と4要件（根拠）、標準設計基準、類似品設計基準…
6. 議論・決裁	**・節目開発会議（議論と決裁）** ・要素作業毎個別開発会議（システム勉強会・実機調査検討会…）
7. 風土・土壌	リスクをとる風土・失敗してもチャレンジを評価する風土 （例：チャレンジ成果50％が通常業務100％より評価が高い）

のハイライトとも言うべきものである。この表から伝わってくるのは、4番目の要素である「人・組織」がとりわけ重要であるということだ。そして、その中でも重要なのはやはり「人」である。職場の基盤技術の単純な延長上で困難なことに取り組むには、何と言っても、担当する設計者のありようが正否を左右する。答えが見えていない未知の領域を切り開かなければならないからだ。

　担当者は、自ら課題を見出し、情報を収集・分析し、目標値を見出し、技術を獲得しなければならない。職場の仕組み通りに、指示された通りに忠実にやるだけでは成果は出ない。そのために、課題把握力・情報収集分析力・システム理解力・他社製品調査力・ベンチマーク力・特

許調査力・実機調査力・実験力などの基礎力がなければならない。今は不十分でも、伸ばす努力を常にしなければならない。そのうえで、持てる基礎力を発揮、実践する行動力、チャレンジする気概、失敗してもあきらめない情熱が伴っていなければならない。情熱を持って取り組めば、先行開発は楽しい、希望に満ちた仕事となる。

　表2.1にまとめたものを、先行開発に携わる設計者、職場が身に着け、備えねばならない。実際に開発を始めると、この表に記載したもの以外にも多くのことが必要となるであろう。7つの要素を構成するものを、常に、探し求めて行かねばならない。

　先行開発は未知の探求である。氷山の見えざる部分を調べ、その中の空洞部を認識し、埋めていかなければならない。そのために必要なものが設計力要素を構成するものである。

2-2-7　設計力から導かれるプロセスフローのアウトプットとは

　ここまで、先行開発の設計力について述べてきた。その設計力を活かした活動のアウトプットは、先行開発プロセスの節目ごとにまとめられる。具体的には、プロセスの節目に組み込まれた節目開発会議で取り上げられ、議論、決裁される。

　先行開発プロセスについては「2-2-3」で取り上げたが、それは、第1グループの基本プロセス、第2グループのサポートプロセス、第3グループのマネジメントプロセスから成っていた。その中のマネジメントプロセスに、節目開発会議と個別開発会議があった個別開発会議は、各ステップを進めて議論すべき内容がまとまった時点で、主に自職場内で行う個別検討会との位置づけである。一方、節目開発会議は、プロセスの大きな節目に組み込まれ、節目のアウトプットを議論・決裁する場である（図2.42）。

第2章　先行開発で仕込むダントツ目標

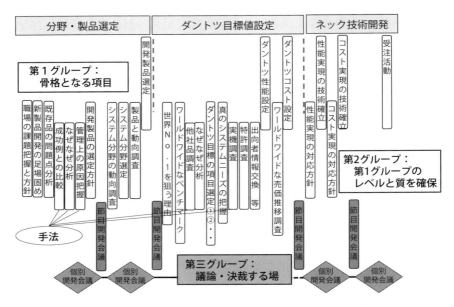

図2.42　要素作業と大きな節目毎に、アウトプットを議論・決裁する

(1) 節目開発会議で議論すべき項目

節目開発会議で議論すべき項目を**表2.2**に示す。この表は、横の欄が節目開発会議の節目の段階、縦の欄が各会議で取り上げるべき項目を表している。

段階は、製品選定方針、製品選定、目標設定、ネック技術開発の4段階とした。各段階で取り上げる項目は、開発背景、お客様の声、競合他社、新製品開発の基本方針、主な開発技術テーマ、組織・陣容・開発費、経済性、大日程、バランススコアカードなどである。この項目の中から各会議で議論すべきものを選ぶ。

例えば、目標設定段階の節目開発会議では、目標設定という要の段階なので、それまでに議論が済んでいる開発の背景以外は全て対象とせねばならない。

表2.2 節目開発会議で議論する項目

事業計画 → 節目開発会議
テーマ選定 → 節目開発会議
VOC明確化
分析/目標設定 → 節目開発会議
創造 → 節目開発会議
評価

	項目	内容	開発製品選定方針	開発製品選定	目標設定	ネック技術開発
			段階			
1	開発背景	現状分析と評価 性能・機能・信頼性・コスト etc.	○	○		
2	お客様の声	市場のお客様、OEM, Tier 1メーカー	○	○	○	
3	競合他社	ワールドワイドなベンチマーク		○	○	○
4	新製品開発の基本方針	目標値の設定 基本性能、信頼性、コスト、特許			○	
5	主な開発技術テーマ	ダントツ目標値達成へのネック技術対応 要素技術・製品基本機能・個別機能			○	○
6	組織・陣容・開発費	社内組織（クロスファンクショナルチーム） 社外との共業 etc.	○	○	○	○
7	経済性	生産予測、売り上げ予測、リターンマップ、etc.	△	○		
8	大日程	量産開始までの大日程	○	○	○	○
9	バランススコアカード（BSC）/成果の評価	財務、顧客、業務、学習/成長×目的、指標、目標値、施策	△	○	○	○

△：必要に応じ

(2) 節目開発会議のメンバー

　節目開発会議のメンバーの例を**表2.3**に示す。ダントツ目標値を狙う製品は、量産設計の段階の製品重要度指定が最上位となる製品であるため、事業部として対応しなければならない。従って、会議のメンバー

第2章 先行開発で仕込むダントツ目標

表2.3 節目開発会議メンバー（例）

事業部長	企画	設計				生技部	システム関連部署	要素技術等専門部署	サービス	調達	営業	試作
		部長	課長	係長	担当							
★	☆	○	○	○	○	○	△	△	△	△	△	△

★ 審議者
☆ 議長＆書記
○ 出席必須　　　　　　　　　　当会議は議論と決裁を兼ねる
△ 必要に応じ、議長が出席指名　量産設計段階では議論と決裁は分けるのが望ましい

は、事業部長、企画、設計、生産技術、そして必要に応じて、システム関連部署、要素技術専門部署などとなる。この場合、審議者は事業部長、議長と書記は企画が望ましい。

　なお、製品重要度指定とは、開発初期の段階から重点的に品質保証活動を展開し、生産ラインの早期安定化を推進する活動のことだ。製品の職場における重要度に応じてランク分けし、ランクに応じた品質保証活動を行う。

　ランク最上位に該当する製品は品質担当役員の管理になる。ダントツ目標値を狙う製品は自ずと最上位ランクに該当するので、品質担当役員の決裁が妥当であろう。しかし、先行開発段階は量産決定前であり、製品重要度指定になる前の活動のため、事業部長管理となるであろう。

　比較のため、量産設計段階でのデザインレビューのメンバーを示す（**表2.4**）。先に述べたように、量産設計段階では品質120%を達成するため、抜けがない緻密な活動をせねばならない。そのため、検討。議論と審議・決裁の場は分けることが望ましいと既に述べた。議論と審議の場は所謂デザインレビューである。どちらもランクにより、出席者がことなる。また、デザインレビューは議論の場なので、決裁者ではなく議長である。逆に、審議の場である決裁会議は、決裁者でなければならない。

表2.4 量産設計におけるデザインレビューメンバー（例）

重要度	事業部長	企画	設計				品質	製造			システム関連部署	…
			部長	課長	係長	担当		生技	生産	検査		
高 ↑ 重要度 ↓ 低	○	○	○	★	☆	○	○	○	○	○	△	△
	△	△	○	★	☆	○	○	○	○	○	△	△
		△	○	★	☆	○	○	○	○	○	△	△
				○	★	○	△	△	△	△		

★ 議長
☆ 書記
○ 出席必須
△ 必要に応じ、議長が出席指名

このように先行開発段階と量産設計段階の会議体は異なる。

(3) 節目開発会議で準備すべきもの

　節目開発会議では、ベンチマークのために調査した他社製品、ネック技術を目途付けたバラック品を準備する。ここで重要なのは、検討結果を表した資料である。議論・決裁がしっかり行われるためには、参加者が説明する内容を理解できねばならない。そしてしっかり理解してもらえるか否かは、理解しやすい資料を準備できるかどうかにかかっている。そのポイントは、難しいことを難しくまとめるのではなく、難しいことをいかにやさしく、分かりやすくまとめるかであり、これが難しい。そのために気を付けることが以下の2点になる（**図2.43**）。

・生データの羅列は避ける
　－生データで説明を受けても、その意味する所を、その場で直ぐに頭の中で整理することは至難の業だ。生データを整理し、そこから何が言えるかを伝えることが大切だ。そうすると、理解しやすく議論が深まる。生データはバックデータとして、何時でも出せ

第2章　先行開発で仕込むダントツ目標

1. 開発の背景	現状分析と評価　性能・機能・信頼性・コスト etc.
2. システムと商品の役割	システムの概要と商品の使われ方
3. システム動向と商品動向	ロードマップや顧客情報で、システムの動向と商品動向見極め
4. 主な商品仕様と根拠	主な商品仕様を根拠を踏まえ把握
5. ベンチマーク	主要メーカの製品をベンチマーク
6. ダントツ目標値と根拠	ダントツ目標値（性能・コスト…）を根拠を踏まえ設定
7. ダントツ目標値の技術課題	目標値達成のためのネック技術と対応策
8. 基本特許調査と出願	ネック技術対応策の特許抵触判断と基本特許出願
9. 開発体制	自部署、他部署、専門メーカを含めた開発体制
10. 生産数量と売上見込み	経済性の判断材料
11. 大日程	ターゲットとする量産時期を踏まえた主要イベント日程

図2.43　節目開発会議で準備すべき資料

るように持っておく。
・ストーリ性のある資料でなければならない
 　－理解しやすい会話は、起承転結がある話だ。資料も一本筋が通っていると理解しやすい。それをストーリ性のある資料という。節目開発会議の説明資料も、ストーリ性が必要だ。

◇節目開発会議で報告すべき項目－ストーリ性が大切
❶開発の背景
 　－市場及び職場の現状分析と評価から職場や現製品の課題を抽出
❷システムと商品の役割
 　－システムの概要と狙う商品の役割
❸システム動向と商品動向
 　－商品とシステムの整合性から市場規模を見通す
❹主な商品仕様と根拠
 　－真のニーズに基づいた商品仕様の把握、根拠を明確に

❺ベンチマーク
　－競合製品を精査、差別化のポイント把握
❻ダントツ目標値と根拠
　－真のニーズに基づく商品仕様を満足する目標値であり、4要件を満足していること
❼ネック技術と課題
　－ダントツ目標値を実現するため、阻害要因を打破するための技術課題を把握する
❽ネック技術への対応
　－対応方法の選定と具体的な活動と結果
❾基本特特許と出願
　－抵触の調査結果と基本特許など出願マップ
❿開発体制
　－組織、陣容、担当者、クロスファンクショナルチーム、社外専メーカーとの協業、納入先との共同開発など
⓫生産数量と売上見込み
　－経済性の見通し
⓬大日程
　－先行開発、量産設計、生産準備に必要な期間と、量産開始時期見込に対する整合性
　　この中から、各節目の節目開発会議のタイミングで必要な項目を取り上げる。

(4) プロセスフローのアウトプットまとめ

　アウトプットは、プロセスの節目の節目開発会議で取り上げる内容である。プロセスが決まっていれば、節目の節目開発会議で取り上げる内容が決まる。
　その節目開発会議のメンバーは、事業部長を含む。事業部内関係部署

だけでなく、事業部外のシステム関係部署、要素技術専門部署などのメンバーも必要である。

開促進会議では、開発の背景からネック技術への対応、経済性など、数多くの視点で議論しなければならない。

2-2-8　先行開発で仕込むダントツ目標のまとめ
■ダントツ目標値が満たすべき4要件
　第1要件：目標項目の妥当性
　　－ダントツ目標の対象とするQ、C、Dの項目の妥当性
　第2要件：目標値の妥当性
　　－真のニーズを踏まえていること
　第3要件：システムとの整合性
　　－上位システム動向を踏まえていること
　第4要件：成長タイミングとの整合性
　　－儲かる製品の量産スタート後、間髪を入れず次の開発をスタートする

■先行開発プロセスは3のグループからなる
　第1グループ：基本プロセス
　　－先行開発の骨格となるステップ
　第2グループ：サポートプロセス
　　－基本プロセスのレベルと質を高めるステップ
　第3グループ：マネジメントプロセス
　　－議論、決裁の場

■阻害要因の打破
　Step1. ダントツ目標値の設定
　Step2. 潜在限界値の見極め
　　－理論的に可能な限界値を見出す

Step3. 阻害要因の抽出
　　－潜在限界値と現実力とのギャップをなす要因を抽出する
Step4. 阻害要因の打破
　　－ダントツ目標値と現実力のギャップを埋める

■**7つの設計力要素**
　①先行開発プロセス
　②技術的な知見
　③各種ツール類
　④人と組織
　⑤判断基準
　⑥検討・議と審議・決裁
　⑦風土・土壌

■**設計力要素を構成するもの**

　7つの設計力要素の中身は深い。自ら課題を見出し、情報を収集・分析し、目標値を見出し、技術を獲得するために、設計者及び設計職場が学び、備えねばならない数多くのものから構成されている（表2.1）。職場の仕組み通りに、指示された通りに忠実にやる世界とは対極に位置する。

■**プロセスフローのアウトプット**

　アウトプットは、プロセスの節目の節目開発会議で取り上げる内容を議論し、決裁したものである。開発の背景から始まり、ここでは12項目を対象としている。節目開発会議では、ストーリ性のある資料を用意し、参加者の理解を深めることが、議論と決裁の質を上げることにつながる。

第3章

ダントツ目標設定とプロセス管理

先行開発段階のダントツ目標設定の設計力について述べてきたが、この章では、基本プロセスにツールとして品質機能展開を使う場合を取り上げる。

3-1 先行開発の基本プロセスに品質機能展開を活用する

品質機能展開（QFD）は、上位システムの要求品質を品質特性に置き換え、設計目標値を見出す手段である（**図3.1**）。縦の欄に要求品質と重要度、横の欄に品質特性を取り、要求特性ごとに品質特性の対応の重みづけを行い、品質特性の開発重要度を見出す。この重要度、及び競合製品との比較などを踏まえ、設計目標値を見出す。

Step1　要求品質を明らかにするため市場動向などの情報収集
要求品質は、様々な情報に基づいて見極めなければならない。社会の

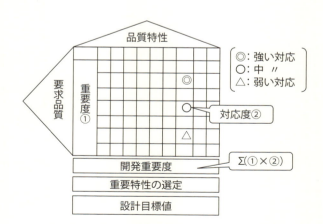

図3.1　品質機能展開から設計目標値を見出す

動向、市場動向、納入先要求、競合状況などである。

・社会の動向は、自動車では、燃費規制、排気ガス規制などの法規制が重要。最近では、各国が電動化率の検討を始めた。自動運転についても、今後の法規制動向が注目される。

・市場動向（システム動向）は2章で取り上げた。エンジンのキャブレターシステムが急激に電子制御燃料噴射システムへ変わった例を取り上げ、システム動向を踏まえて開発を行う重要性を述べた。ダントツ目標の4要件に、システム動向との整合性があった。更に、市場の情報としては、クレーム情報、エンドユーザーやディーラーの声も大切であり、収集が必要だ。

つまり、上位システムのロードマップを持ち、それに沿った担当製品のロードマップを携えなければならない（図3.2）。

・納入先要求は100％理解して取り込まなければならない。商品仕様の把握が容易でないことは「1-6-1」で触れた。

・競合状況は必須である。ダントツの目標は、競合製品に優位でなければならないので、競合品の過去、現在を調査し、将来を予測しなければならない（図3.3）。

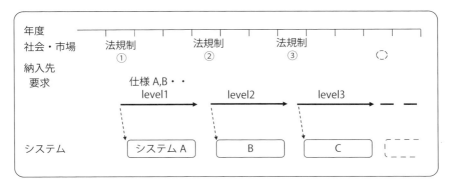

図3.2　法規制、市場動向などを踏まえロードマップを描く

第3章　ダントツ目標設定とプロセス管理

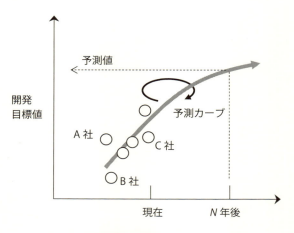

図3.3　競合製品の将来の目標値を予測

Step2　上位システムの中での担当製品の重み付け

　Step1で収集した情報を基にした品質機能展開から、担当製品の重要度を判断する。まず、品質機能展開の縦の欄で、要求品質を明らかにする。法規制、システムロードマップ、納入先の商品仕様、市場のクレーム、エンドユーザーの声の情報を基に、要求品質欄を埋める（図3.4）。要求品質は1次、2次、3次と要求展開表にすると理解しやすい。更に、要求品質の重要度欄に、重要度に応じて点数を配分する。横欄は、担当製品のシステムにおける重要度を把握するため、システムを構成する製品を並べる。

　次に、それぞれの製品ごとに各要求品質の対応度を記載する。要求品質の重要度と対応度の積を製品毎に集計し、評価点欄に記入する（図3.5）。このようにして求めた評価点欄の数値が大きなものが、システム上の重要度が高い（影響度が大きい）製品であることが分かる。

　すなわち、システムでキーとなる重点製品が選定できたのである。その製品が担当製品なら、まさにダントツ目標を狙う候補となる。

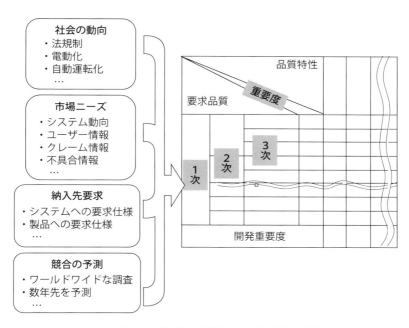

図3.4 市場ニーズなどの情報から要求品質を見極める

Step3　ダントツを狙う品質特性の絞り込み

　次に、重点製品のダントツ目標項目を絞り込み、値を見極める。縦の欄には選んだ重点製品に関係する要求品質を、横の欄にその製品の品質特性を記載する。Step2と同じ手順で、重要度と対応度の積を品質特性毎に集計し、開発重要度を出す。この開発重要度の点数が高いものが、重要特性となる。

　これが、ダントツを狙う候補となる特性である。これでダントツ目標項目の候補を選定できたので、次は値だ。

　下段の設計品質欄の中の自社の欄に現実力を、競合欄に情報取集した競合の実力を記載し、担当製品と競合製品の優劣比較を行う。選定した重要特性を競合製品の特性予測値と比較し、優位性ある目標値、ダントツ目標値を設定する（図3.6）。

第3章　ダントツ目標設定とプロセス管理

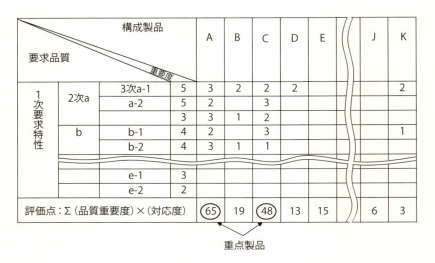

図3.5　システムでキーとなる製品を選定

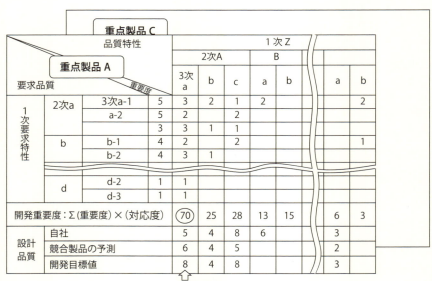

図3.6　重点開発特性の選定

この品質機能展開は、システムの優位性確保の手段としても使うことができる。Step2で、システムを構成する各製品の重要度を見出した。重要度の高い製品はダントツを狙う候補であったが、システムの開発目標値の達成に影響が大きい製品（重点開発品）を選定したということでもある。重点開発品が選定できると、システムの要求品質（システムの開発目標値）を満足するための、重点開発品の重要特性を決定できることになる。

　これはつまりこういうことだ。図3.5の品質機能展開では、製品ではA製品とC製品の評価点数が高く、重点的に開発すべき製品であることが分かる。更に、図3.6よりA製品の重要特性はAaであることが分かる。同様にしてC製品の重要特性がCcであるとすると、AaとCcの特性をパラメータとしてシステム実験をすることで、システムの開発目標値を満足するAaとCcの値を決定できる。

　上記、品質機能展開を活用したダントツ目標設定を述べたが、これは図2.28の基本プロセスの目標設定までの活動に当たる。その流れは、以下のようになる（**図3.7**）。

①社会動向や市場ニーズ、納入先要求、競合製品などの情報を収集
②品質機能展開で開発重要度による各製品の重みづけをし、システム

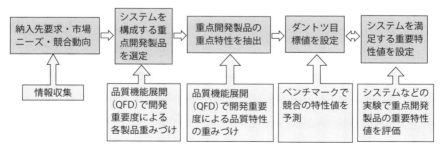

図3.7　基本プロセスに品質機能展開を使った業務流れ

を構成する重点開発製品を選定
③品質機能展開で重点製品の重要特性を選定
④ベンチマークでシステム投入時のN年後の競合の特性を予測し、重点開発品の重点特性目標値を設定
⑤更に、システムの開発目標値は、重点開発品の組み合わせでシステム実験をすることで、重点開発品の重要特性を設定する

3-2 ダントツ目標設定に必要なロードマップ

　前項で、品質機能展開欄の要求品質は、社会動向やシステム動向の見極め、すなわちロードマップに基づく取り組みが必要であると述べた。更に遡ると、第2章で取り上げた取り組む分野の選定では、電子制御システムの動向を調査し、そこで使われるセンサーを予測した。
　また、ダントツ目標の要件に、システム動向との整合性があった。これらもロードマップに基づく取り組みであった。これらのことから、ロードマップの理解の必要性が高いことがわかる。そこで、この項ではロードマップを取り上げる。

3-2-1　ロードマップとは

　ロードマップは、特定の分野において集知を踏まえ、システム、製品、要素技術などの将来展望を示したものである（**図3.7**）。つまり、将来展望へ誘引するための対話の手段という見方が出来る。
　対話とは、ロードマップがシステム開発、製品開発、要素技術開発の妥当性の拠り所となるということを意味する。経営者は経営資源の投資判断に、設計部署はどのような製品を何時開発するかの判断に、技術開発部署は要素技術を何時目途付けするかなどの判断に、ロードマップ

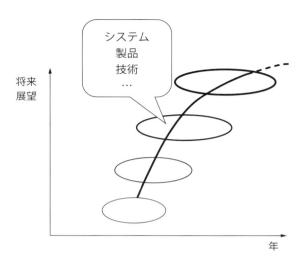

図3.7 ロードマップは将来展望

を使う。

　ここで気を付けたいのは、ロードマップは将来展望であり、社会、市場、顧客からの要請、技術の進捗などで変化するということだ。決して、固定された展望ではない。

3-2-2　ロードマップの基本パターン

　ロードマップの基本パターンは、少なくとも3階層での表示が必要だ。なぜなら、ものはシステム、製品（部品）、要素技術の組み合わせで成り立つからだ。従って、ロードマップは、3階層の整合性を示すことができなければならない。

　整合性を示す例を紹介する。「2-2-2（4）」で取り上げたエンジン点火システムでは、システムが第1世代から第4世代まで進化している。第1世代はイグナイター、デストリビュータなどオールメカで構成されており、点火コイルの一次側電流を断続するメカ接点は、大電流の断続な

どの耐久性に課題があった。第2世代は、パワートランジスタで点火コイルの1次側の大きな電流を切り替える方式を採用し、更に、カム位置を検出する非接触センサー方式を取り入れることでメカ接点を廃止している。第3世代は、ガバナーとバキュームコントローラによるメカの進角制御に代わり、ECUによる制御を取り入れた。更に、第4世代では、点火コイルとイグナイターを一体化したスティックコイルとなり、オール電子化が行われた。

　これらの進化は、要素技術であるパワートランジスタが製品であるイグナイターに応用され、第2世代システムが実現。第3世代はECU技術の進化が寄与し、第4世代では半導体技術がイグナイターと点火コイルの一体化を可能とした。このように、システムの進化は、要素技術、製品、システムの整合性が合って初めて可能となる。

　従って、ロードマップはシステム、製品、要素技術の整合性を踏まえなければならない。更に、進化は市場、システム、製品、要素技術、その要素技術を支える技術と多くの階層が関連し、進む場合もある。しかし、関連する全ての階層をロードマップに反映することは容易でない。

　とはいえ、ロードマップを将来展望の対話の手段とするには、少なくとも担当階層を含む3階層のロードマップは必要である（図3.8）。

3-2-3　ロードマップは市場を誘引する

　3階層の整合性を考えてみよう。車の自動運転化に向け、自動車線変更システムが〇年後に市場へ投入されるだろうとの将来展望が示されたとする。システムのキーとなる△△方式のセンサーはその時点を目指し、開発が促進されるであろう。更に、そのセンサーに必要な要素技術も、そのタイミングに向け開発が進められるであろう。このように、システム、センサー、要素技術の開発完了の目標タイミングが揃えば、3階層の整合性が取れたことになる。

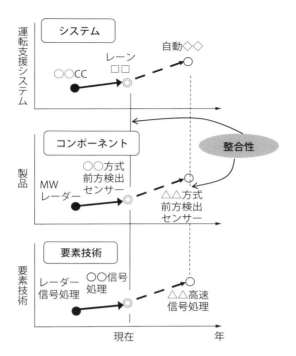

図3.8　システム・コンポーネント（製品）・要素技術の整合性

　システムの将来展望が、そのシステムに必要な製品の開発と要素技術の確立を誘引したのである。つまり、システムが製品と要素技術の開発を促したことになる。このように、ものづくりの上位階層の方向付けが下位の開発を引っ張るケースをマーケット・プルという（**図3.9**）。

　このケースでは、システムの動向が製品、要素技術の開発を方向付けたのであるが、逆に、要素技術が先行し、製品やシステムを誘引する場合もある。最近の話題ではAI（Artificial Intelligence）の進化は、車の前方や周辺認識の判断技術を高め、自動運転化に必要なシステムの高度化をもたらしている。要素技術の進化が、システムの高度化を誘引しているのだ。

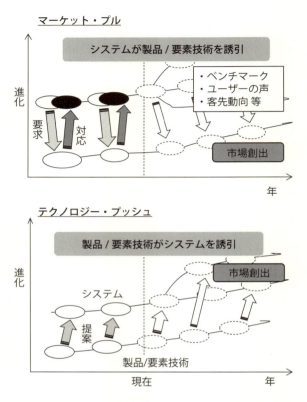

図3.9　ロードマップ活用は新たな市場をもたらす

　このように、ものづくりの下位階層の進化が上位階層の開発を押し進めるケースもある。これが、テクノロジー・プッシュである。
　システムの方向付けを広めれば、製品や要素技術の開発を促進できるであろうし、逆に、要素技術や製品の開発を進めることで、システムの進化を促すことができる。すなわち、ロードマップの活用は、新たな市場を創り出す可能性をもたらすことになるのだ。
　第2章で取り上げたダントツ性能の事例に、ロードマップを当てはめてみよう。それは、電子制御AT（auto-transmission）用に広い広域を

検出できる製品を提案した事例であった。ロードマップの切り口でみると流れは以下である。

- ・電子制御ATシステムの展開を情報収集し、システムの将来動向を予測
- ・システムの動向予測から、システムに必要な製品性能を見極め
- ・その製品性能達成に必要な要素技術を調査
- ・S半導体メーカーの素子が、システム展開を踏まえ継続的に使える要素技術と判断
- ・その素子を用いた製品を開発しシステムメーカーへ提案

この例は、システムからは製品へのマーケット・プルである。一方、要素技術の素子の立場からは、製品に対してのテクノロジー・プッシュとなる。

更に、ロードマップ構築の留意点をいくつか挙げる。

- ・上記ATの例では、システム、製品、要素技術は、別々のメーカーが担当であったが、システムメーカーが社内で製品、要素技術までカバーすることもあるであろうし、製品と要素技術は同じメーカーが対応する場合もあるであろう。どの場合も、3階層を念頭にロードマップを構築するのは同じである。
- ・ロードマップに従って開発を進めても、製品開発が遅れるなどでロードマップからずれる場合がある。こうした時は、システムや要素技術がロードマップ通り進んでいると判断すれば、担当製品がロードマップにのるように挽回しなければならない。
- ・ロードマップは変化するものだ。将来展望、社会、市場、顧客からの要請、技術の進捗など、様々な要因で変化する。決して固定されてはいない。

例えば、車の電動化の動きが目まぐるしい。1年前と社会環境は大きく異なってきている。中国が2019年から電動車率10％を掲げ、イギリ

スやフランスは2040年以降は純粋なガソリン車の国内販売は認めないとの方針を出した。日本の自動車メーカーも相次いで、電動化率の目標を打ち出した。

こうした動きに伴い、電動化のロードマップは1年前と現在では異なっているはずだ。部品メーカーは車の電動化のロードマップを見極め、かつ、自社のシステムや製品のロードマップを見直さねばならい。パワートレイン系製品を生産しているメーカーは言うまでもない。一方、電動化を新規参入の好機ととらえるメーカーも多数あるはずだが、そのメーカーにとっても、ロードマップを書き換え、開発のスピードを上げねばならない。

社会、市場の動向、上位システムの動向、要素技術の進化状況などをウォッチし、ロードマップは、それを常に反映しなければならない。

3-2-4　ロードマップを創る体制

ロードマップは、集知を踏まえ、システム、製品、要素技術などの将来展望を示したものであった。その構築のためには、社内の叡智を結集しなければならない。システム、製品（コンポーネント）、要素技術の知見を集めなければならない。

そのためには、必要に応じて、社外の専門メーカーにも知見を求めることもあるだろう。納入先への情報収集も大切だ。まさに総合力で取り組まねばならない。ロードマップ構築に相応しいプロジェクトとしての取り組みが必要だ。

以下に、ロードマップ構築のチーム活動をまとめる。

■チーム構成
- システム－システム主幹部署、企画部、技術営業（納入先メーカーの情報収集）、技術部など
- コンポーネント－技術部、生産技術部、要素技術専門部、企画部など

・要素技術－要素技術専門部署、要素技術専門メーカー、技術部など
■**チーム活動**
・システム、コンポーネント、要素技術のそれぞれのチームが個別に検討会を設置し、定期的に検討会を開催。収集した情報の分析値、将来展望など議論する。
・チーム別検討会で得られた結果を持ち寄り、全体会議を持ち、検討結果を集約してロードマップにまとめる。このチーム別検討会と全体会議を繰り返すことで、ロードマップの質を高める（**図3.10**）。ロードマップは、既に述べたように固定ではない。社会、市場の動向、上位システムの動向、要素技術の進化状況などの変化点を反映しなければならない。変化点を認めた場合は、再度チームを組み、ローッドマップを見直すことも必要だ。
・活動の結果得られたロードマップを基に、開発計画を立てる。コンポーネントの開発が業務なら、ロードマップに示された開発コンポーネントの担当、日程、課題など開発計画書を作成しオーソライズする。

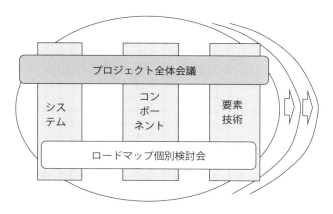

図3.10　ロードマップ制作プロジェクト

3-2-5　ロードマップのパターン

　ロードマップには、いくつかの表現形式（パターン）がある（**図3.11**）。目標の達成のためには、使用目的に合ったパターンを選ぶことが大切だ。

- 単一機能型
  - 横軸年、縦軸に注目すべき機能に絞り表示する。表示が簡潔でロードマップの基本。詳細な展開・分岐を定量値で表しやすい。

  短所：他の機能、関係階層との因果関係の表示が難しい

- 2機能連携型
  - 横軸と縦軸にそれぞれ機能を割り当てることで、2機能表示型が可能。例えば、コストと機能の関係を表示。

  短所：パラメータとしての時間軸（年）の表示が限定的

- 多機能表示型
  - 複数の機能を一覧に表示できる。

  短所：各要素機能の変化情報は定性的となる。各機能での階層別表示は困難

- 多機能複合連携型
  - 複数の機能の展開表示が可能（大規模システムの表示に適している）。複数の重要機能の展開を相互関連も含め表示できる。

  短所：広範囲の機能を表示するため、機能表示が定性的になる

- 3階層表示型
  - 3階層を同時に表示できる。全体から見た、各階層の位置づけを掴みやすい。

  短所：各階層の機能選択、階層間のリンクは深い検討が必要

　　　　　　　　　　＊上記の5種類のローッマップの名称は、本書での呼称

　上記のロードマップ解説は、機能との表現を使っているが、図2.17で示した売価トレンドも単一機能型ロードマップである。機能の代わり

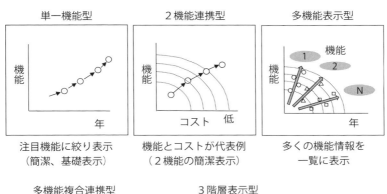
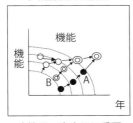
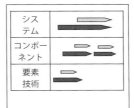

図3.11 ロードマップの種類

に、性能、信頼性、体格など必要な緒言に置き換えて活用が可能である。

以下に、ロードマップをまとめる。

・ロードマップは、特定の分野において集知を踏まえ、システム、製品、要素技術などの将来展望を示したもので、その将来展望へ誘引するための対話の手段である。

・ロードマップの基本は3階層での表示だ。なぜなら、ものはシステム、製品、要素技術の組み合わせで成り立つからである。これらの整合性の見極めが大切だ。

- ロードマップは、マーケット・プル、テクノロジー・プッシュの役割があり、新たな市場をもたらす。
- ロードマップの構築には、それに相応しいプロジェクトとしての活動が必要だ。
- ロードマップは、複数のパターンがある。目的に合ったものを選ぶことが大切だ。

第4章

先行開発を量産につなげる7つの設計力

第4章 先行開発を量産につなげる7つの設計力

　ここまで、先行開発の取り組みを述べてきた。この章では、量産設計の取り組みについて述べる。設計段階は図1.2で示したように、お客様の求めるサービスやニーズ、すなわち商品を把握し、ものという形にするために製造段階へ指示するまでに行われる活動である。先行開発は設計段階の前半の活動で、世界No.1製品のダントツの目標値を設定し、技術的課題であるネック技術を見出し、その技術的目途付けを行った。

　一方、この章で取り上げる量産設計は設計段階の後半の活動で、ダントツ目標値を含む設計目標値を品質120%で達成する取り組みである。100万個造っても1個たりとも品質不具合を出さない取り組みだ。言い換えると、顧客の信頼を得る取り組みであると言える。

　先行開発と量産設計は、全循環的スパイラルアップの関係にある（**図4.1**）。先行開発はまさに技術が必要な世界であった。基盤技術のレベルが高いと、レベルの高い先行開発に取り組める。その基盤技術を高める

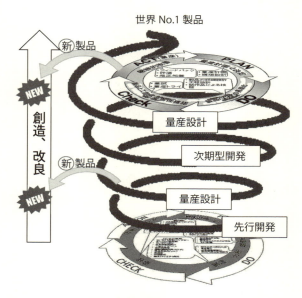

図4.1　先行開発と量産設計はスパイラルアップ

最も効果的な方法はというと、実は量産設計をやり抜くことである。

　量産設計は、100万個造っても1個たりとも品質不具合を出さない取り組みである。この取り組みをやり抜くことは容易ではないが、やり抜くとそこにノウハウが積みあがる。このノウハウは、技術や仕事の仕組みなど多岐にわたるが、その技術は基盤技術にフィードバックされることになる。

　そうすることで、基盤技術のレベルが少し上がる。基盤技術のレベルが上がると、それに見合った技術レベルの高い製品の開発を行うことができる。これを5年、10年と繰り返すことで、技術レベルが高いと言われる職場になる。もちろん個人のレベルも上がる。個人と職場は切り離すことができない。

　このように、先行開発と量産設計は互いを高め合う関係にある。従って、それぞれを愚直にやりきることが大切である。日本の自動車部品が世界の中で認められてきたのは、このように先行開発と量産設計を愚直にやりきってきたからだと筆者は考える。

　言うまでもないが、買った1個がお客様には100％である。従って、IoT（モノのインターネット：Internet of Things）やAI（人工知能：Artificial Intelligence）などの新たな技術が進化しようとも、先行開発と量産設計を愚直にやりきることの価値は普遍的であり、しっかりと取り組まねばならない。

4-1　量産設計の流れ

　先行開発の基本プロセスは、開発製品の選定、ダントツ目標値の設定、ネック技術の目途付けであった。一方、量産設計の基本プロセスは、設計目標値の設定、構想設計、詳細設計、試作品手配と試作品評

価、量産出図である（**図4.2**）。

量産設計の設計力を取り上げる前に、この量産設計の理解が必要だ。そこで、以下に量産設計を基本プロセスで説明する。

4-1-1　量産設計での目標値の設定
(1) 商品仕様と量産製品仕様（量産設計目標値）

先行開発では、真のニーズの観点からダントツとなる商品仕様を把握した。その商品仕様を造る側の立場の表現に置き換えたものが、ダントツの製品仕様であり、具体的にはダントツの項目でありその目標値であった。

量産設計は、このダントツの目標値を含め、量産設計に必要な全ての設計目標項目とその値を決めねばならない。ここが、先行開発の目標値と量産設計の目標値の異なるところである。

商品仕様と製品仕様（設計目標値）の関係は第2章で取り上げているが、大切なことなので再度述べる。

これらの仕様は「Q」、「C」、「D」から構成される。「Q」は、Qualityの頭文字だが、ここでいうQualityとは単に品質不具合という狭い意味ではなく、製品の持つ機能・性能・信頼性・体格・美しさなど幅広い概念を表す。「C」はプライスでなくコスト、「D」は開発期間やお客様に

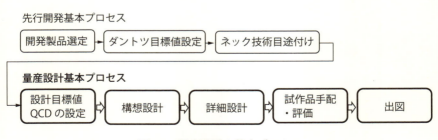

図4.2　量産設計の基本プロセス

いつ提供できるかであった。

　商品仕様とは、お客様の"うれしさ"やニーズを技術的にまとめたものであり、車を例にすると、車両メーカーがシステム上必要とする機能や性能などであった。

　一方、製品仕様は、商品を実現するために、機能、性能、品質、コストなどを造る側の立場で表現したものであり、自動車部品では、車両メーカーから提示された商品仕様を定量化し、車両環境、市場環境を考慮し、安全率や余裕度を加味し、ものとして具現化するための表現である。つまり、商品仕様は必要条件であり、製品仕様である設計目標値は必要十分条件といえる（**表4.1**）。

　この必要十分条件を言い換えると、設計目標値は、量産設計に必要な全ての設計目標項目と目標値でなければならない。しかし、お客様から全ての商品仕様が提示されるとは限らない。むしろ経験上から、一部しか提示されない場合が多いであろう。逆に、ここに製造側の存在価値がある。直接提示されない商品仕様を全て見極め、それを設計目標値に落とし込む、これができるかが問われる。

　「2-2-2」で取り上げたレインセンサーでは、提示された商品仕様は、

表4.1　商品仕様と製品仕様（設計目標値）

商品仕様（お客様の言葉）	製品仕様（製造側の言葉）
市場、お客様のうれしさ、ニーズを技術的にまとめたもの、 従ってお客様の立場に立った表現 ↓車では 車両メーカの需要・うれしさ 車両メーカがシステム上必要とする機能・性能など	商品を実現するために、 機能/性能/信頼性（Q）・コスト（C）・納入時期（D）などを造る側の立場で表現 ↓自動車部品では 車両メーカから提示された仕様を定量化し、車両環境、市場環境を考慮し、安全率や余裕度を加味し、ものとして具現化するための仕様
必要条件	必要十分条件

「雨が降ってきた時にワイパーが自動で感性に合うように動く」、これのみであった。われわれはこれを踏まえて、設計目標の項目と値を決めねばならない。それは「雨とワイパーの動きを、感性を踏まえながら定量化する」ことであり、更には、搭載場所・搭載方法、体格、耐熱Max.T℃、耐震Max.Bm/sec^2、通信方法などであった。この仕様を満足する商品となる諸元を見出し、決定しなければならなかった（**表4.2**）。

一方、「2-1」で取り上げたAT用の製品では、商品仕様が「検出距離≧Lmm/回転数Rrpm、搭載場所ATの□部位」と具体的な指示であった。この商品仕様を踏まえ、設計目標値を「システム上の検出バラツキaを見込んで検出距離（L＋a）mm/Rrpm、体格1W（wide）×L（long）×H（high）mm、耐熱Max.T'℃、耐振Max.B'm/s^2、信頼性X'年・Y'万km…」のように設定した（表4.2）。

表4.2　様々なレベルの商品仕様を設計目標値へ置きかえる（例）

定性的な商品仕様

商品仕様	製品仕様（設計目標値）
雨が降ってきた時に、ワイパーが自動で運転者の感性にあうように動く	・感性の定量化 　→　雨とワイパーの動きの定量化 ・搭載場所、搭載方法 ・体格 Hmm×Lmm×Wmm ・耐熱 Max.T℃、耐振 Max.B m/s^2 ・信頼性　X年×Ykm 　　　　　　：

定量的な商品仕様

商品仕様	製品仕様（設計目標値）
・AT（Automatic Transmission）の回転数検出 　検出距離≧Lmm/回転数 R rpm ・搭載場所ATの場所を指定	・検出バラツキaを見込んで検出距離（L+a）mm/R rpm ・体格 ・耐熱 Max.T'℃、耐振 Max.B' m/s^2 ・信頼性　X'年×Y'万km 　　　　　　：

繰り返しになるが、定性的な商品仕様を定量化し、車両環境、市場環境を考慮し、安全率や余裕度を加味し、ものとして具現化するための表現に置きかえることができるかが問われる。これは重要な設計力である。

(2) 量産設計目標値の具体的な設定について

商品仕様と量産設計目標値の関係を述べたが、次に具体的な設定方法について述べる。量産設計目標値の例を**表4.3**に示す。この表に従って説明する。

①**量産設計目標項目欄を埋める**

設計目標項目は、機能、性能、信頼性、コストなどから構成されること述べた。先に述べたように、必要な項目は全て記載しなければならない。従って、更に細かい表記が必要だ。例えば、性能では応答性、検出距離、トルクなどその製品固有の要求性能、機能ではフェール処理、感度調整有無などの性能と同様に製品固有の諸機能（本来機能と補助的な機能の両面から）、信頼性では温度、振動、更には泥・被水など考慮すべき環境条件項目を記載する。また、設計保証期間、年数や走行距離数なども必要だ。体格、搭載場所、システムへの搭載方法欄、更にはコスト、量産時期欄を埋める。

②**設計目標項目が決まると次は設計目標値欄を埋める**

目標値では2つの原則がある。目標値は定量的に表現すること、及びその根拠を示すことである。

1つ目の原則である定量的な表現は、$\ell \pm \Delta \ell$ mm、t秒以上のように、許容範囲が分かる表現とする。かつ、$\ell \pm \Delta \ell$ mm/20℃×13Vのように目標値を満足しなければいけない条件も忘れてはいけない。

環境温度では市場で起こり得る最低温度、最高温度を明記する（製品自体に発熱要因があれば、設計保証する温度は更に高くなる）。振動は最高振動加速度（その時の周波数などの条件も必要だ）及び製品が搭載

表4.3　量産設計目標値の表し方（例）

項目		納入先要求仕様	自社従来品	開発品	根拠
性能	検出距離	1.5mm≦	1.2±0.2mm	1.5mm≦	ベンチマークより
	作動時間	1±0.5秒	←	←	納入先を満足
	○○圧	○○dB≦	←	←	↑
機能	調整機能	有	←	←	↑
	□機能	□□			
信頼性	温度	エンジン搭載	max.150℃	←	実車環境調査結果より
	振動	↑	max.196m/sec²	max.294m/sec²	↑
	被水	有	大切なのは考え方と根拠		↑
	○○	○○			
体格		従来品より小さく	L○×W○×H○	体積50%減	体積半減
インターフェース		CAN	←	←	システム要求
コスト		○○○円（購入価格）	700円	600円	利益50%増
量産開始		2020年8月	―	2020年7月	―

　　□ 従来品からの変化点

される部位の値を記入する（製品に共振点があれば実際の保証すべきレベルは変わってくる）。内部発熱による温度上昇や共振への対応は、詳細設計のところで対応することとなる。

　更に、体格はW×L×Hを必要に応じ記す。搭載は、ブラケットねじ止め、ホース接続、ワンタッチ固定などその取り付けの特徴が分かる表現にする。コストは、売価〈プライス〉目標から目標利益額を除いた値を記す。量産時期は、納入先のスケジュールに合わせ設定する。

③設計目標値は根拠を持つ

　2つ目の原則は、各項目の設計目標値は根拠を示すことだ。根拠は目

標値の右欄に記載する。根拠には3通りの見方がある。まず大前提は納入先の要求値を踏まえた値、そして、競合メーカーの実力を踏まえた値、さらに自社の従来品の値である。この3条件の全部か、一部を考慮して設計目標値を決める。

3条件の考慮は、製品の職場での重要度に応じて変わる。重要な製品は、3条件を"AND"で考えなければならない。それ以外は"OR"の検討で良いであろう（**図4.3**）。

図4.3の考慮のし方の例を示す。
・顧客要求値通り
・顧客要求値に対し、例えば1.2倍以上などマージンを取る
・顧客要求値を満足し、かつ自社従来品実力も考慮する
・顧客要求値を満足し、かつ自社従来品にも優り、競合にも勝つ値とする

もちろん、ダントツの目標値は、3条件にかかわらず最優先されねばならない。

④設計目標値が決まったなら、ベースである製品からの変化点を明確にする

開発品といえども、多くの場合はベースとなる製品がある。「1-6-1」で述べたように、類似製品、次期型製品、次世代製品のどれかに、多くの場合該当するであろう。そのベースとなる製品に対して、変化点とな

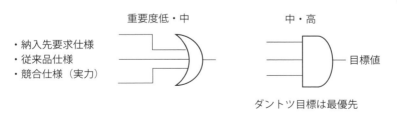

図4.3　量産設計目標値設定の考慮すべき3条件

る設計目標項目を示す。その変化点を、目標値設定に続く、構想設計、詳細設計で重点的に取り組むことになる。変化点以外の目標値は、従来の設計の延長上で対応できる。変化点に対しては、目標値を達成するため、量産の設計力を踏まえて取り組まなければならない。

4-1-2　構想設計

　量産の設計目標値が決まると、次は構想設計だ。先行開発でダントツ目標をクリアするために確立した技術、方式が構想設計のメインとなる。しかし、ダントツ目標値以外に設計目標は数多くある。これら目標値の変化点に対する技術も見極めねばならない。そのためには、設計目標の変化点に対する技術課題を抽出し、対応策を検討する。

　変化点として使用環境が変わると、製品に加わるストレスが変わることになり、設計的対応をしなければならない。例えば、環境温度が上がると、樹脂やゴム材料を耐熱グレードに変えねばならない。振動が大きくなると、増加する応力に耐えられるように補強構造が必要になるであろう。コスト目標が厳しい場合は、部品点数の削減や、更には、部品の一体化なども検討課題となる。体格を小さくするには…など、様々な課題への対応を検討することになる。ただし、構想設計段階なので、それぞれの課題への基礎検討レベルとなる。基礎検討レベルとは、余裕度や安全率を含めた成立性は詳細設計で行うということを意味している。

　ここまで検討が進んだら、構想図を描く。構想図に主な組み付け方法、主要部品や材質を記載すると理解しやすくなる。

　この構想設計で行うべきことは、
- システム概要と製品の役割の最新状況確認（先行開発段階で一度行っている）
- 製品基本コンセプト再確認（同上）、基本コンセプトとは、競合メーカーに何で差別化するかである

- 設計目標値再確認（"設計目標値の設定"で行っている）
- 故障した場合の上位システムへの影響把握
- TOP事象*回避への方針決定
   *この製品の品質不具合モードで、エンドユーザーへの影響が最も重大な事象
- 構想図作成。従来品との比較で示すと理解しやすい
- 競合他社品調査結果と構想図を比較し優位性を確認
- バラック品を用意し、機能、性能の確認
- 特許出願予定作成と他社特許への抵触有無調査
- 量産設計の開発体制確保
- 量産設計のスケジュール、及び量産開始までの大日程作成

4-1-3 詳細設計

　構想設計を経ると、具体的な設計課題が分かる。この課題への対応策を検討し、その対応策の安全率や余裕度を見極めるのが詳細設計である。

(1) 課題への対応策を決める

　構想設計の結果、例えば、固定する方法が課題となり、金属部品のカシメ方法を採用したとする。この場合の設計課題は、カシメ部の固定力確保となる。

　まず行うことは、課題への対応方針の決定であり、方針決めが大切だ。試作品の条件を振り、たくさん造ることで設計を詰める。CAE（computer aided engineering）で理論的に絞り込み、最終的に試作品で検証する。CAEだけで最終判断まで行うなどから方針を選定する。どの方針を選ぶかは、経験と職場の基盤技術のレベルで決まる。

(2) 対応方針に従い取り組み、課題への安全率や余裕度を見極める

　課題への対応方針が決まると、次は各課題への安全率や余裕度を定量的に把握する。

上記のカシメ部について検討する。手での操作力をxN、その時の回りトルクをyN・mと設定。次にブラケット固定部形状がこの要求仕様を満足するか強度計算し、理論上の安全率（SF）が規定以上あることを確認する。次に、試作品での実力評価を行う。試作品の結果、及び耐久評価後品両方で回りトルクを確認する。

詳細設計では、課題への対応方針に従って理論的に詰め、試作品での検証を行う。試作品での検証は、初期値だけではなく耐久評価後品の値も目標値を満たすかを把握する。

つまり、理論にもとづきパラメータ設計等を行い、試作品などでバックデータを取り、検証しなければならい。課題に複数の要因が関係する場合は、まず要因分析し、関係する要因全て、10個あれば10個の要因に同様の検討を行う（図4.4）。課題がN個あり、それぞれに要因がn個ぶら下がると、詳細設計$N×n$となり検討すべきボリュームは大となる。詳細設計に膨大な工数がかかる所以がここにある。

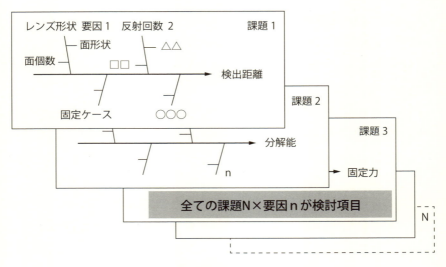

図4.4　検討すべき要因を全て抽出

(3) 重致命故障を防ぐ安全設計

　安全設計は、対象開発製品が故障しても重大故障に至らないよう設計的処置を取る。重大故障とは、車では暴走や火災など人命につながる重致命故障である。重致命故障にならないまでも、エンストや走行不能などの基本機能喪失も重大故障の対象になる。更に、法規制違反もあってはならない故障である。

　重大不具合を起こさないために、安全設計は2つの面から検討が必要である。上位システムへの安全設計と開発製品自体の安全設計である。

①上位システムへの安全設計

　対象開発製品が故障した場合の、上位システムへの影響を見極める。故障するとシステムへの影響はあるが、重大故障に至らない、例えばフェールセーフの仕組みがあることを確認する。例えば、車内LANにぶら下がっている開発製品が故障した場合、他のコンポーネントへは影響がない、あっても回避手段があり重大故障にはならないことを確認する。更に、他のコンポーネントが故障した場合に、自分の開発製品へ影響がないか確認する。システム上の処置に問題があるなら、上位システムの担当部署やお客様へ対応を要請する。

②開発製品の安全設計

　製品の安全設計には2つの見方がある。一つは品質不具合のTOP事象につながる故障を起こさない設計的な処置。もう一つは製品がFH（火災）を起こさない設計的な処置である。この両面からの検討が必要だ。

　検討は、2つのケースともFTA（failure tree analysis）を使う。起こってはいけない故障に対してFTA展開を行い、設計的な処理を取る。

　FTA展開はand（∩）、or（∪）いずれかの展開となる。andでつながるところは設計的に2重故障が成立しており、2重故障の安全設計が成立している。

展開の途中にorのみの場合は、FTA展開から導かれる部品の管理項目の特殊特性管理が必要となる（図4.5）。

・TOP事象につながる故障を起こさない

例えば、○○電子システム制御不良につながる故障モードに□□製品の出力信号異常がある。この出力信号異常をFTA展開する（図4.6）。

具体的には、図面に特殊特性管理である旨を明示する。運用は、量産時にその項目を全数検査する、抜き取り検査頻度を増やすなどの処置をとることになる。例えば、スプリング荷重が重点管理となると、そのスプリングの仕入先へ荷重が特殊特性管理項目であることを指示するとともに、受け入れ検査で抜き取り頻度を増やすなどの処置をとる。

このように設計処置を行い、システムへの影響がある故障モードを防止する。

・FH（火災）を起こさない

FH対応は2重故障処置が原則だ。例えば、回路抵抗ショートと保護回路故障の組み合わせなどである。FHの場合は、2重故障の設計でも、最悪の場合も想定してFHにならないことを現物で確認する。

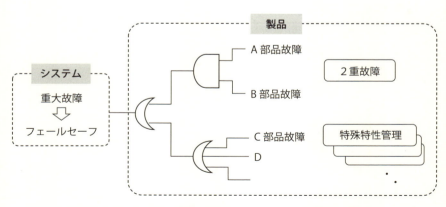

図4.5　2重故障か重点管理のどちらかでTOP事象を回避

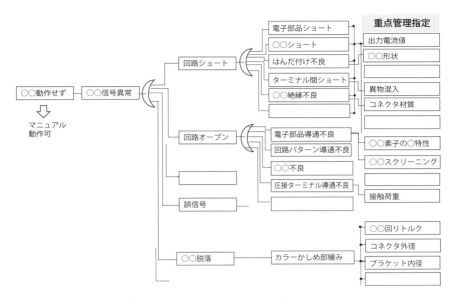

図4.6 TOP事象回避のための重点管理指定

それは、3つのケースでの現物確認を行う。上記の例では、1つ目のケースでは回路抵抗がショートしたが保護回路が正常に働いた場合、2つ目のケースは回路抵抗がショートしたが保護回路が切れるか切れないかのぎりぎりの電流が流れ続けた場合、3つ目のケースは回路抵抗がショートしたが保護回路が保護機能の役割として正常に働かなかった場合、それぞれのケースで現象を確認する。3つのケースとも煙も出ないことが望ましい。

4-1-4 試作品評価

詳細設計が一通り済むと、試作品を手配し、評価する。評価は、初期評価と耐久評価がある。初期評価では、機能や性能など設計目標値を満足しているかを確認する。適切なn数に基づく、安全率の見極めがポイ

ントとなる(適切なn数とは、信頼度95％に必要なn数は供試数が多くなるので、経験に基づく必要数との両面から決めるのが現実的という意味)。

難しいのは耐久評価である。何が難しいかというと、評価項目と条件を決めることだ。根拠を持って決めることが大切だ。

評価項目選定の根拠とは、"考え方"と"着眼点,"である。考え方は、TOP事象の評価、目標値の変化点評価、過去の不具合事例から選ぶなどである。例えば、前項の出力信号異常を起こさない考え方として、樹脂材料、電子部品などを抽出。かつ、過去の不具合事例から樹脂吸湿によるショートを考慮し、着眼点をはんだへ落とし込んでいる。

着眼点が抽出されると、次は実車環境を踏まえて着眼点を評価する耐久評価項目と条件を決める。耐久評価項目は、熱衝撃、低温放置など一般的な項目から、ATF(トランスミッションオイル)試験、コンタミ試験などの注意点から導かれる製品特有の耐久評価項目、更には気配り、意地悪試験としてPCT(Pressure Cooker Test)試験、複合環境試験などを抜けなく設定する(**図4.7**)。

試験項目の条件は、顧客から提示される条件に留まらず、+αの条件が追加できるかが大切である。例えば冷熱サイクル試験で、顧客が2000サイクルの条件である時に、市場環境に見合ったサイクル数は2000サイクルでよいのかを判断できることである。このサイクルで不十分と判断すれば、3000サイクルで実施するなどの社内条件を設定する。

供試数も重要で、N＝○個と明記する。このN数の妥当性は議論すべきところであり、95％信頼限界を満足するには供試数が数十必要となる。しかし数十の試作品を耐久試験にかけるのは、モノにもよるが現実的ではない。試験項目が10通りとすると、供試数は膨大になる。そこで、過去の実績を踏まえて現実的な値を設定することになる。供試品は分解精査して不具合の兆候を確認することも忘れてはいけない。

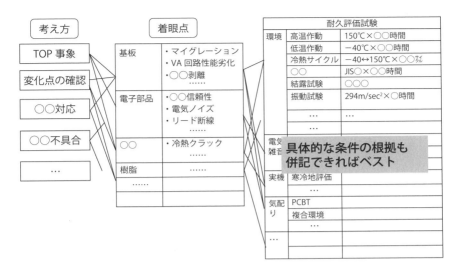

図4.7 耐久評価条件は根拠を持つこと

このように、量産設計の基本フローを行い、その結果が目標値を満足していることを確認できれば、量産図面を次の工程に送ることができる。

4-2 120%品質を確保する 7つの量産設計の設計力要素

ここでは、量産設計に必要な、前項の基本プロセスをやり抜くための7つの設計力要素を解説する。

(1) 120%品質とは、初期及び耐久後の設計目標値を満足していること

前項のように、次の工程に渡せる量産図面を完成するまでの取り組みが容易でないことはご理解いただけたと思う。この基本プロセスを100%やりきるのは至難の業であるが、やりきるためにはそれに相応し

い取り組みでなけばならない。それがこの章で取り上げている量産設計の設計力である。

すでに、量産設計の設計力とは、品質120％を達成する力で、100万個造っても1個たりとも品質不具合を出さない取り組みであると述べている。

ここでいう品質不具合とは何かを考える。品質不具合というと、ものが壊れる現象がまずに思い浮かぶが、その見方はあまりに狭い。例えば、ネジが1本緩むことは品質不具合なのだろうか。一本ネジが緩んでも、残りの3本のネジで問題なく固定でき、ビビリ音も出なくて、全くユーザーに認識されず、使用上に何の不都合も与えないなら、それは品質不具合とは言わない。そのネジは冗長すぎる設計になっており、コストダウンのネタとなるだけだ。

このことから分かるように、品質不具合とは、どこかの部位が壊れることではなく、壊れたことにより使用者に迷惑をかけることである。なぜ迷惑をかけることになるか、それは、どこかの部位が壊れると、製品の機能や性能が低下するか、役割事態を果たせなくなるからである。ネジ1本が緩み、ビビリオンはしないという設計目標値を満足しなくなったら、それが品質不具合だ。

すなわち、100万個造っても1個たりとも品質不具合を出さないとは、100万個造っても1個たりとも設計目標値の未達なものを出さないということなのである。

では、100万個全てが設計目標値を満足するということは、どういうことだろうか。初期品質、言い換えれば、全数出荷時に設計目標値を満足しているだけでいいのだろうか。もちろんそれだけではだめで、市場でも設計目標値を満足せねばならない。これは、耐久評価品質である。耐久後品質は、設計的に設定した保証期間（X年、Y万km）での設計目標値である。この設計目標値は初期目標値と同じ場合もあるし、初期目

標値×Δ%もある。どちらにしても、初期と耐久品質の両方を満足して初めて品質120%を達成したといえる。

これを分かりやすく言い換えると、「設計要因による工程内不良0、納入不良0、市場クレームは目標値以下」となる。目標値を満足とは、こういうことである。

筆者は仕事柄、「量産図面は目標値を満足していますか」などと問いかけることが多い。すると、多くは「満足している」と返ってくる。それを受けて、「目標値を満足とは、設計要因の工程内不良0、納入不良0、市場クレームは目標値以下のことですよ」と返すと、相手は無言になってしまう。

このように、設計目標値を満足する量産図面の作成は至難の業である。多くの場合、目標値を満足できない図面を次の工程に送っていると思われる。たぶん、これが現実である。けれども、だからと言って諦めていいわけではない。100万個造っても1個たりとも設計目標値の未達なものを出さない図面にすべく、取り組まなければならない。そのためには、それに相応しい量産設計段階の取り組みが必要だ。それが、この章で取り上げている、量産設計の設計力である。

(2) 前提条件からから見える7つの設計力要素

先行開発の設計力要素は「2-2-5」と「2-2-6」で取り上げたが、良いアウトプットを出すための前提条件を踏まえてこれらを見出した。量産設計の設計力も同じように、この前提条件を踏まえる。

前提条件とは、目標、仕事の手順、良い環境、判断基準による判断、検討議論・審議決裁、アウトプットであった（図2.39）。この目標とアウトプットをつなぐ条件が量産設計の設計力となる。

図2.40V字モデルに量産設計の設計力を当てはめると、目標は、もちろんQ・C・Dの品質120%達成である。仕事の手順は、量産設計プロセスである。良い環境は、蓄積された技術的やノウハウ、量産設計に必

要な各種ツール、人と組織であり、判断基準による判断は、設計基準などの基準類、検討・決裁は、デザインレビューであり、品質保証会議が該当する。

前提条件から見える量産設計の設計力は
①量産設計プロセス
②蓄積された技術的やノウハウ
③各種ツール
④人と組織
⑤設計基準などの判断基準
⑥デザインレビュー（DR）や品質を決裁する会議などの検討議論・審議決裁

であり、更に、先行開発の設計力と同じく、量産設計を、手を抜かずに取り組める職場の風土・土壌がなければならない。
⑦風土・土壌

これが、7番目の設計力である。

(3) 量産設計の7つの設計力要素を構成するもの

ここでは、量産設計の7つの設計力要素を、先行開発の設計力要素と比較して取り上げる。

①量産設計プロセス

先行開発プロセスは、システム分野選定、製品選定、真のニーズの把握、ベンチマーク、ダントツ目標値設定、技術の確立、節目開発会議など40近いステップで構成されていた（図2.28）。

一方量産設計プロセスは、構想設計、詳細設計、パラメータ設計、DRBFM検討会、過去の失敗事例反映、試作品評価、実機環境調査、仕入先DR、節目DR、品質保証会議など数多くのステップで構成される。

先行開発は基本プロセス、サポートプロセス、マネジメントプロセスから成ったが、量産設計プロセスも同様にこれら3つのプロセスから成

る（図4.8）。

②蓄積された技術的やノウハウ

先行開発は、未知の技術を切り開き、新たな知見を得るウエイトが高かった。従って、豊富な成功事例の知見があることが重要であった。もちろん、基盤技術がしっかりしていることは言うまでもない。

一方、量産設計は、先行開発で切り開いた未知の領域を、量産に耐え得るよう質を高める取り組みである。従って、成功事例でなく、過去の失敗事例から学ぶ技術的な知見や教訓が大切である。なぜなら、品質不具合の多くは過去の繰り返しが多いからだ。

仕事柄、様々な企業の方に話を聞く機会があるが、ほとんどの場合、

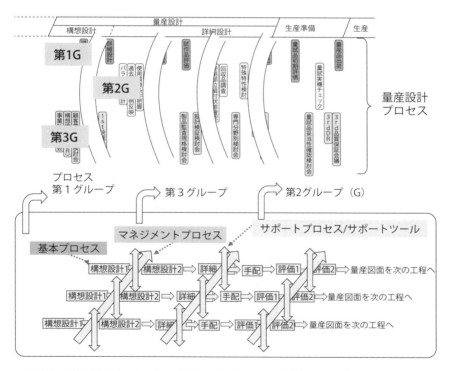

図4.8 量産設計プロセスは、基本・サポート・マネジメントプロセスからなる

同じ失敗を繰り返していることが多い。同じ失敗とは、現象ではなく、原因においてである。

　これは重要なことを意味している。それは、品質不具合を防ぐ最も効果的な方法は、同じ原因の失敗を繰り返さないことであるということだ。しかし、これほど実行が難しいこともない（これができている企業は、世界広しと言えどもゼロであろうとの意味だ）。

　失敗を繰り返さないためには、過去トラの充実と活用が大切だ。しかし、過去トラが大切と気づいていても、有効に活用できているとの答えは少ない。活用できている職場は少ないのである。なぜだろうか。それは、失敗から学ぶ知見の残し方と、その活用の仕組みの構築が容易ではないからだ。

　もちろん、失敗から学ぶだけではなく、技術的な知見やノウハウはなくてはならない。製品の強度の保証一つを取り上げても、市場ストレスの把握／ストレスに耐える構造の検討／強度計算／試作、試作品の評価など、多くの要素作業ごとの知見・ノウハウが必要だ。

（ⅰ）品質不具合の多くは繰り返し
──経験を今行っている設計に結びつけることができない

　品質不具合の経験から学んだ知見は、企業が創業以来積み上げてきたオリジナルのものである。品質不具合の対策には費用がかかる。歴史がある企業は、数百億円、数千億円の費用をかけてこの知見を学んだ企業もあろう。

　ところが、そのように価値ある知見を次の仕事に活かすことができず、品質不具合は繰り返し生じている。同じ失敗とは、現象ではなく、原因においてである。なぜ活かせないかというと、経験した原因を次の仕事に関連付けることが難しいのだ。

　数年前に、アメリカでアクセルペダルが戻りにくいというリコールがあった。これは、結露水が原因だった（不具合の連鎖：日経BP2010年

による)。2枚のガラス板の間に水膜があると剥がれにくくなることは、だれでも経験したことがあるだろう。これを原因として取り上げていれば、対策が取れた可能性はある。私はこのリコール後に、1000名以上の方に原因を問いかけてみたが、これを原因とした答えをまだ聞いたことがない。このように、過去の経験を今の設計に活かすことは容易ではないのだ。

製品が異なり故障現象が違っても原因は同じという場合は多いが、新しく故障が起こっても、過去の故障経験は思い出さない。そこから得られた知見はなおさらである。仮に思い出しても、見かけの故障現象が異なると、今の仕事に結びつけることが難しい。過去の経験及び知見と目の前の故障を結びつけるには、工夫が必要なのだ。具体的には、知見を残す工夫、及び残したものを活用する工夫の二つになる。

(ⅱ) 経験から得られた教訓を残すには

まず、知見を残す工夫について考える。残す知見は、他の製品へも応用できる普遍的なもの(教訓)だ。教訓は二つある。一つは技術上の教訓、そしてもう一つは管理上の教訓である。これらをセットで残すことがポイントとなる。

最近、あるメーカーの品質部門の方と意見交換する機会があったのだが、品質不具合は同じ原因の繰り返しが多いとのことであった。長い歴史がある企業なので、やはりそうかなと思った。そして過去トラが話題になった時に、課題は何でしょうかと問いかけると、「管理上の教訓」に不安があるとの答えが返ってきた。

過去の失敗からは、「技術上」のみならず「管理上」も併せて振り返らなければならない。今まで、品質部門の多くの方から意見をお聞きする機会があったが、「管理上の教訓」が手薄であると言われる方が少なくない。この心配はもっともで、品質不具合の未然防止には、管理上の教訓を残し活かすことが大変重要なのだ。以下に、例で説明する。

自動車部品に使われる接点は非接触式に置き換わってきたが、かつては、メカ接点が主流であった。しかしこの方式は、導通不良を起こしやすいとの弱点がある。例えば、接点表面にシリコーンが悪影響すると接点部に電流が流れにくくなる。

この不具合の教訓について考えてみよう。不具合現象の把握から教訓見極めまでのステップは、

step1：「現象の把握」は、x接点部の導通不良

step2：「真の原因（メカニズムも含む）」は、y部位のシリコーンの○○の影響で導通不良となる。メカニズムは…

step3：「対策」は、シリコーンを○○材へ変更

次に教訓だが、まず技術上の教訓は、step1～3を踏まえ判断する。

Step4-1：「技術上の教訓」は、（例えば）「シリコーンを接点近傍で使用しない」

そして管理上の教訓だが、

Step4-2：「管理上の教訓」は、「ここまでのステップだけでは判らない」である。この見極めが難しい

管理上の教訓とは、「仕事のやり方のまずさ」である。シリコーンを接点近傍で使ったことは結果であり、仕事のやり方が異なっていれば、対策材を最初から選定していた可能性がある。あの時点では、あのような取り組みをしたが、このように取り組んでいれば不具合を起こさなかったなどと振り返ることで、不具合につながった仕事のやり方の真の原因を見極める。その原因を裏返せば、それが管理上の教訓である。

管理上の教訓が一筋縄でいかないのは、技術上の原因は同じでも、この教訓は不具合発生の背景によって様々に変わることにある。例えば、

・基準類に、シリコーンを接点近傍で使用しないと謳っていれば、管理上の教訓は、「設計基準の遵守徹底」が挙げられる

・設計基準にこの不具合に関しての知見が職場にあるにも関わらず、

未だに反映されていなかったら、「設計基準は最新の状態にすることを徹底」となるであろう
・更に、この知見が職場にない場合は、「耐久評価後品の精査徹底」、そして更に遡って、「耐久評価条件の市場環境との適正化」などが該当するかもしれない
・加えて、お客様や市場からの回収品を精査すれば兆候を確認できた可能性があったと判断すれば、「回収品の解析徹底」などとなるであろう。

　このように、管理上の教訓を見極めるには、仕事のやり方のまずさを様々な視点から考えなければならない。大きな品質不具合の場合は、開発スタート時から発生するまでの全ステップを振り返ることになる。仕事のコンカレント活動を踏まえると、設計、品質、生産技術生産、必要に応じて企画、購買など、関係した全ての部署が集まり、議論しなければ真の原因を見極め、教訓を得ることは難しい。

　われわれは、技術上の対策が一段落すると会社の保養所に泊まり込み、そこで徹底的に振り返り会を行うことがあった。議論するのは、言うまでもなく仕事のやり方のまずさ、すなわち「管理上の教訓」の見極めである。それ程、品質不具合を起こした場合は仕事のやり方の振り返りが大切なのだ。

　こうして得られた教訓は、二段階で処置しなければならない。まず、技術上の教訓と併せて過去トラに残すことだ。過去トラは「技術上の教訓」と「管理上の教訓」が共に充実しているこことが大切だ。次は、仕事の仕組みに反映することだ。そうすれば「設計力」が向上し、1ランクアップ上の品質不具合を防ぐ取り組みにつながる。

　このように、管理上の教訓の見極めは容易でないが、一方で、管理上の教訓は無限に多くはないと経験上思う。歴史のある企業では、経験しつくしている感があるのではないか。管理上の教訓を今一度棚卸し、そ

れが仕事の仕組みへ十分反映しなければならない。

(ⅲ) 残された教訓を活用するには

このようにして残した教訓は活用しなければ意味がない。多くの企業では、教訓をデータベース化して残している。けれども、それ活用できているかとの問いに、ほとんどの企業が「それが課題」と答える。データは残すだけでは使えないのである。

回路の不具合に、マイグレーション（絶縁不具合の現象）がある。これも筆者が経験した不具合だが、Ag（銀）と湿度と電圧があれば、Agが移動して電極間のショートを引き起こす。マイグレーションとの言葉は知っていたが、その時手がけていた開発製品に関係づけることができなかった。

この場合、次のような仕組みにすれば、この知見を活用できるだろうか。電極にAgを使っている担当者がパソコンでデータベースにアクセスし、Agとキーワードを入れる。すると画面上に不具合のモードとして、湿度と電圧の条件が合わさるとマイグレーションが起こると検索できる。このような不具合検索システムが構築できているとする。

これを見た設計担当者は、「そうか！」と気づきにつながるであろうか。多くの場合はこうだ。マイグレーションを経験した設計者やベテランの設計者は、直ぐに対策を取らねばと気づくであろう。しかし、その現象の経験がない、マイグレーションを知らない若手の設計者は対策が取れないだろう。マイグレーションと画面上にあっても、今手掛けている開発品への関係付けができないからである。

このことは重要なことを示唆している。過去の品質不具合経験を次の仕事に活かせないのはなぜか。それは過去の不具合の経験、知見を今の仕事に関連付けることが難しいからなのである。言葉として知っているのと、それを理解していることは別である。パソコン上でマイグレーションと表記された故障がどのようなものか理解していないと、知見と

して活用できないのである。

　もちろん、データベースはそのようなことも踏まえて構築されるであろう。例えば、設計者がマイグレーションをクリックすると、過去のマイグレーションの品質不具合を詳しく解説した資料が出て来る。そこには、不具合の現象、メカニズムを含む原因、対策、教訓までが詳しく記載されている。

　さて、このシステムがあれば、関連付けは大丈夫と思われるだろうか。一見良さそうだが、ことはそう簡単ではない。なぜなら、詳しい説明資料が出ていても、それをじっくりと時間をかけて読み、理解を深めねばならないからだ。設計担当者は日々、猛烈に忙しいことが多い。じっくり読む時間は取れないだろう。読もうとしているそばから上司から声がかかる、電話がかかる、そうするうちに夜になり、明日読もうとパソコンを閉じる。翌日はもっと忙しい…。結局読めずじまいに終わってしまうのだ。

　だからと言って、何もしなくても良いわけではない。上記のようなデータベースを造ることは、即効果がなくとも、取り組みが一歩前進したことに変わりない。システムを運用して、不備を少しずつ改善していくことが大切だ。まさに、過去トラの検索の仕組みは継続的改善の対象である。

　これは、世界中を探しても完璧な仕組みはないであろう。毎年、一歩一歩改善できる企業が、世界一効果的なシステム構築できる可能性がある。過去トラの有効活用とはこのような世界だ。だから、重要な設計力になる（**図4.9**）。

③**各種ツール**

　3番目の設計力は、各種のツールである。ツールとは各種のQC手法、更にはCAD、CAE（応力・熱・流れ・磁気解析…）、バーチャル試作などで、最近ではMDB（Model Based Development）も活用が進

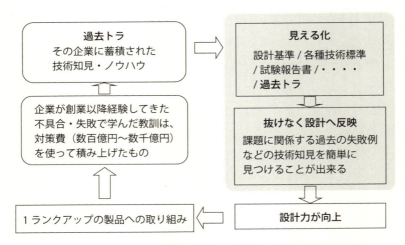

図4.9　過去の失敗から学んだ教訓は貴重な財産

んでいる。これらのツールを場面に応じて使いこなすことは、検討抜けをなくす活動としてなくてはならない。

　例えば、QC手法は、統計的な手法と非統計的な手法を合わせると主なものだけでも40近くある。これも仕事柄感じていることだが、最近はQC手法への関心が低くなっているのではと思う。最新の技術は取り入れて活用せねばならない。しかし、品質手法の考え方は、不具合を出さない取り組みには普遍的であり、おろそかにはできないツールである。

④人と組織
（ⅰ）人

　まず人である。先行開発では、人は"設計者＋開拓者"であった。量産設計では、"設計者≠技術者（技術者に留まらず設計者あれ）"でなければならない。先行開発は、未知への挑戦であった。分かっている部分はわずかである。誰かに聞けば答えを教えてもらえるという考えは、先行開発には相応しくない。

一方、量産設計は、設計を担当する人は技術者ではなく設計者でなければならない。設計者は、技術的な検討をする、技術的な検討結果を研究報告書にまとめる、また、特許を出すことも基本的な業務だ。しかし、これだけでは不十分である。

設計者の仕事は、良い製品を設計し、お客様に満足いただくことにある。その結果、利益が上がる。ところが、設計者は利益を上げることを忘れがちだ。利益を上げるためには二つの役割を果たさねばならない、

一つは、「組織間の調整力」で、もう一つは、「顧客へのプレゼンテーション力」である。筆者は、自動車部品メーカーに入社した時に設計部署に配属となったが、「設計の仕事の半分は営業と思え」と上司から言われたことをよく覚えている。その後、まさにその通りだと感じる世界が待っていたし、今振り返ってもこの言葉は本質をついている。

まず、「組織間の調整力」である。量産設計は、多くの職場のメンバーが同じ目標に向かって取り組むチームプレーだ。設計、品質、生産技術、生産、調達、企画など立場の異なる関係者が同じ目標に向かって取り組めるよう、関係者全員のベクトルを合わせることである。そのリーダーは、設計者が担わねばならない。なぜなら、設計段階で対象製品を一番よく知っているのは設計者だからである。ちなみに、生産準備段階では生産技術者がリーダーとなる。

さて、では、図面はだれが描くのか。それは「全社で描く」でなければならない。関係する全ての部門の総智・総力が注ぎ込まれて、図面となるのである。そのため、設計者は「組織間の調整力」を備えなければならない。

次に「顧客へのプレゼンテーション力」である。設計者は、顧客を忘れてはいけない。顧客から仕事を発注していただくからこそ設計の仕事がある。設計者はそのことを忘れがちである。

仕事を得るには、設計者側が顧客から信頼さなければならない。なぜ

なら、顧客がどのサプライヤと付き合うかは、顧客の設計者が概ね決定するからである。顧客の設計者が、あの設計者は信頼できないと判断すれば、サプライヤ自体が信頼できないということになる。その時点で失注となる。

　設計者が顧客の信頼を得る方法は簡単である。ポイントは二つ。まず、顧客の設計者が満足する技術報告書を作成すること。そして、分かりやすく説明すること。これに尽きる。

　顧客が満足する技術報告書には、技術課題や宿題に対し、理論的な説明とその理論が間違っていないという試験・実験での検証結果を組み合わせた内容であることが要求される。かつ、分かりやすく簡潔にまとめられていることである。しかし、報告書がいくら良くても、顧客の前で分かりやすく説明できなければ信頼もそれなりになってしまう。筆者は次のような経験をしたことがある。

　量産設計が進むにつれ、自動車メーカーへの報告の機会が多くなる。課題が解決しないと、打ち合わせに出かける時間ぎりぎりまで報告書を作成することが多くなった。そしてある日、運転しながら駐車場まで何分、駐車場が一杯だったら駐車場から地下道で道路を渡って、会議室まで走って…と時間ばかり気にしながら会議室にたどり着いたことがあった。そしていざ説明を始めたところ、「この報告書はだれが作成したのですか」と言われてしまったのだ。この時は、分かりやすく説明するための頭の整理（準備）ができていなかったのだ。

　「顧客の満足する報告書と分かりやすい説明」が揃ってはじめて、「顧客へのプレゼンテーション力」があると言えるのだ。実は、上司のプレゼンテーション力が部下のレベルをかなり左右する。上司と内容や書き方を切磋琢磨できるか、これがレベルを決定する。

　大切な報告書は何度も社内で検討され、そのたびにハードルを超えることになるはずだ。その場合に、上司は、検討・承認に相応しい議論や

指摘ができるかが大切である。上司の鋭い指摘が、部下の報告書のレベル、及び説明する力を成長させる。もちろん、機会があるたびに、前回よりは良くしようとの強い思いを持ち続けて取り組むことが大切である。

　(ⅱ) 組織

　先行開発では、未知の領域を切り開くために、全社的に人を結集した総合力が発揮できる組織活動が必要であった。その一つが、クロスファンクショナルチーム活動であった。

　量産設計でこれに相当するのが、コンカレント活動である。開発設計の初期段階から設計、品質、生産技術、生産などの部署がそれぞれの専門的な立場で参加し、開発設計レベルを高め、検討抜けを防ぐ取り組みである。そのリーダーは、量産設計段階では設計者が負わなければならない（図4.10）。

　全社横断的なチーム活動とは、例えばFMEAやDRBFMを実施するときに関係する部署が力を合わせて議論しながら仕上げていくことである。関係する多くの部署が足並みをそろえて活動することになる。活動がなれ合いになっては、本来の力を引き出すことができない。社内であるからこそ、適度な緊張感を持って取り組まなければならない。

⑤判断基準

　設計プロセス、技術的な知見やノウハウ、各種ツール、人と組織、これらが機能すると、良い可能性の高い設計結果が得られる。次は、その設計結果を検証する場が必要である。そのためには、結果が良いかを判断する基準が必要となる。

　先行開発の判断基準は開発目標値の4要件などであるが、それ以外に、職場に積み上げられてきた標準設計基準、類似品設計基準など、横断的な要素技術の基準などが拠り所となっていた。一方、量産設計の判断基準は、量産設計が、質を高め、抜けをなくする取り組みであること

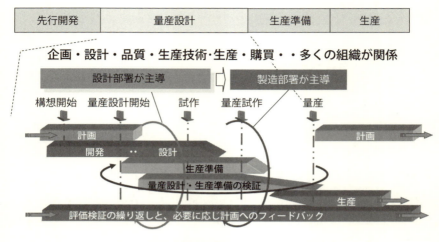

図4.10 量産設計段階のコンカレント活動

から、それまで職場で積み上げてきた知見・ノウハウを基準化したものそのものとなる。

　量産設計の判断基準は二分類できる。一つは設計内容に対しての判断基準であり、もう一つは、実施項目に抜けがないかの判断基準である。

　設計内容に対しての判断基準は、知見やノウハウを体系化し見える化したものである。例えば、

・製品別固有技術
　－製品別設計基準書*1、研究報告書、特許マップ‥
　　＊1：個々の製品の、設計の手順に従った設計手法
・製品間の共通技術
　－基本設計基準書*2、材料選定基準書、加工基準書、材料仕様書‥
　　＊2：製品が異なっても共通する設計手法
・過去の失敗事例
　　－不具合現象、原因、対策、技術上の教訓、管理上の教訓、加工
などである。

実施項目に抜けに対しての判断基準は、各設計のプロセスに設定された項目が行われているかをチェックするものやチェックシートやそれに類するものである。例えば、

- 製品重要度指定
    - 製品の重要度基準
- 使用環境調査
    - 使用環境チェックシート
- 試作品評価
    - 初期性能規格、耐久評価規格(条件と根拠)、分解チェックシート
- 特殊特性指定
    - 故障モード(燃費規制、排ガス規制、主機能故障‥などの判断基準)
- 節目デザインレビュー
    - 1st、2ndDRチェックシート(準備や議論すべき項目や進め方)
- 節目決裁会議
    - 1st、2nd決裁会議チェックシート(同上)
- 個別デザインレビュー
    - DRBFM検討会、DFM検討会、設計検証検討会‥のチェックシート(同上)
- 個別決裁会議
    - 顧客要求事項検討会、原価企画会議(同上)
        ＊デザインレビューと決裁会議の種類は図4.11による
- 量産出図
    - 出図チェックシート

⑥検討議論・審議決裁

検討議論や審議決裁は、先行開発では節目開発会議や個別開発会議で

行われた。一方、量産設計では、デザンレビュー（DR）と審議・決裁会議である。「2-2-3」で、筆者はこう述べた。先行開発は大きな目標設定とその実現に向けた技術的な取り組みであり、チャレンジと大胆な活動が大切だ。検討・議論と決裁を同時に行うのが良いであろう。一方、量産設計は、100万個に1個たりとも不具合を出さない抜けのない取り組みが求められ、設計プロセス自体が綿密に構成される。綿密さの確保は決裁の場のみでは難しい面がある。従って、検討・議論（DR）と審議・決裁は別の会議体にするのが望ましいと。

DRは、この課題を一生懸命検討してきたがすっきりしない、この点をどうしても詰め切れない、全ての課題をクリアしたつもりだが抜けはないだろうかなど、残された1〜2%の課題を見つけ、解決するためにある。例えば、過去の失敗事例の反映抜け、曖昧な環境把握、設計変更時の他部品への影響検討抜けなどだ。設計者は、評価条件不十分などに気付かず、100%やり遂げたと思ってしまうことがある。100%を達成するには、それまでとは異なる1ランク高い取り組み、すなわちブレークスルー（Break Through）が必要になる。気付きはそのためにある。

しかし、ブレークスルーを促す気付きを得るのは容易でない。DRにおいて、その場にいる全員が持てる力を注がねばならない。設計、品質、生産技術、生産、企画、購買など、各部門からの出席者が、それぞれの立場で専門家として意見を戦わせ、議論を深めることが大切だ。すなわち参加者全員の「総智・総力」が必要なのだ。

仕事柄、他社の職場のDRの様子を聞く機会があるが、次のようなケースが多い。DRに出席したメンバーの中で最上位の職制が一方的に発言し、設計担当者が冷や汗をかきながら平謝りしている。そして、他の参加者は黙って早く終わらないかと傍観しているという状況だ。これでは、技術的に深みのある議論ができない。顕在化している課題すらなかなか解決しないし、ましてや潜在的な課題への気づきには至らない。

これは、DRではなく上司への報告の場でしかない。

以上から、DRには、「設計力（DRを除く6つ）の活動結果への気付きの場」であることと、気付くための、「総智・総力を見える化する場」の二つの役割があることがわかる。この二つの役割から、DRは次のように定義できる。

「それまでに行われた設計力の活動に対し、DRという限られた時間と場所で行われる設計力（＝総智・総力）の活動」

すなわち、DRは設計力の構成要素の一つだが、そのDRの中に設計力の活動があるということを示している。

一方、審議・決裁は、職制が職権をもってOK、NGを判断する場である。内容に問題があればやり直しを命じることになるし、問題がなければ次のステップへの移行を決することになる。検討・議論と審議・決裁の場を分けなければ、気付くと、会議の参加者の中の職位の最上位のメンバーの決裁の場になっている。

ところで、DRは関係者が集まるだけでは議論がうまくいかず、期待した効果が出ないことを多くの方が経験されているであろう。DRを有効化するためには、工夫された仕組みが必要になる。そのためには、DRのルールをしっかり決め、実行することである。

そのルールの在り様は、DRの定義から導かれる。DRは、「限られた時間と場所で行われる設計力の活動」であるから、設計力を踏まえ仕組みを決めねばならない。その仕組みの構成要素は7つある。「DRの対象」「実施タイミング」「対象を構成する項目」「項目の内容」「メンバー構成と役割」「運営」「水平展開」である。

DRと決裁の会議については、『「設計力」を支えるデザインレビュー』でその仕組み、実施方法や留意点について、実践的な観点から詳しく取り上げている。詳細はそちらを参照いただくとして、ここでは、その種類のみの紹介に留める。

DRと決裁会議の種類は、図4.8の量産設計プロセスの中のマネジメントプロセスとして取り上げている。それは、量産設計プロセスの節目に行う節目DRと決裁会議、個別の要素作業毎に行う個別DRと個別決裁会議に分類できる（**図4.11**）。そこに示された会議体の扱うものなどを一言ずつ説明しておく。

（ⅰ）節目
- 1st DRと1st決裁会議
  - 構想設計から詳細設計への移行可否を議論と決裁
- 2nd DRと2nd決裁会議
  - 量産出図可否の議論と決裁
- 3rd DRと3rd決裁会議

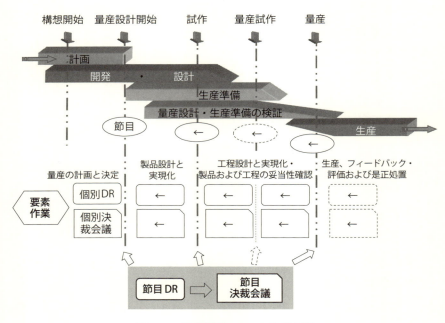

図4.11　量産設計のDRと決裁会議

－量産品出荷可否の議論と決裁
（ⅱ）個別DR
・事業計画検討会
　　－開発のスタートに当たり、製品の将来性、事業規模、自職場での対応力について議論
・構想検討会
　　－事業計画検討会を受け、設計目標値、設計目標値を達成するための構想図、構想図を踏まえて、基本機能・性能を達成するための技術的対応方法と見通し、競合に対しての優位性、売り上げと利益予測などを議論
・過去トラ検討
　　－過去の失敗事例と開発製品への関連付けを議論
・DFM検討会
　　－試作図面は量産加工を踏まえているかなどの観点、量産図は製図ルール上表記に抜けや間違いはないか、注記表現は後工程で誤解釈を受けるような心配はないかなどを議論
・DRBFM検討会
　　－DRBFMについての関係者の総智・総力を注ぎ気付く
・製品監査規格検討会
　　－品質担当部署として、品質規格書の確認実施項目と内容の検討、詳細設計段階、及び生産準備段階で行う
・専門分野別検討会
　　－製品間の共通技術について、専門家を交え議論
・設計検証検討会
　　－試作品の耐久評価結果について議論
・仕入先DR
　　－重要な部品は社内と同様に設計DRを行う

- 特殊特性検討会
  - 特殊特性指定の妥当性を議論
- 量試結果検討会
  - 量産工程での量試品の問題点を議論
- 量試品妥当性確認検討
  - 量試品の耐久評価結果を議論

(ⅲ) 個別決裁会議
- 顧客要求事項検討会
  - 受注可否決定
- 原価企画会議
  - 原価が設計目標値通り達成できるかを審議し、目標コスト達成が厳しいと判断されれば設計の見直しを含めたコスト再検討が指示される

　製品が出来上がるまでには多くのDRと決裁会議があるが、それぞれの設計プロセスの段階で問題点を議論し、決裁の会議で次段階へ移行しても良いかを決裁する。設計のアウトプット段階では、図面を後工程へ流して良いと決裁されると、後工程では図面に基づき生産準備を開始する。

　このように、6番目の設計力はDRと決裁の会議の組み合わせであり、アウトプットの抜けを防ぎ、質を高めるためになくてはならない。しかし、実施に当たっては気を付けねばならない大切なことがある。決裁会議を例に取って述べる。

　製品重要度は、製品や市場環境の新規性、生産規模などを踏まえた判断であるが、重要度が高いランクに位置付けられた製品の決裁は、品質担当役員などトップレベルの職位の者が行う場合が多いであろう。図面を後工程へ送る量産出図や量産品出荷の可否など、重要な判断を行うからだ。

そこでは、決裁会議の運用規定は決まっており、審議する項目もしかりだ。会議に臨むに際し、審議される側（報告者）は審議される項目を分かりやすく報告することが大切になってくる。技術課題は理論的に成立しており、かつ試験実験で定量的に検証ができていること、試験条件や試験方法は具体的に、そこから得られたデータをどのように処理したかや合否判断基準も明確に説明する。分かりやすい報告が決裁者の正しい判断に不可欠である。

そのうえで、決裁の場に報告者はプライドをかけて臨まねばならないし、決裁者はそれに相応しい心構えで受けなければならない。決裁会議は、社内といえども甘えは許されない真剣勝負の場である。

決裁会議を行ったにもかかわらず品質不具合が流出したとすると、決裁会議が有効に機能していない可能性がある。つまり、会議の形骸化である。大切なのは内容だ。"やったという実績づくりを目的しないこと"が重要になる。DRや決裁会議を活かして高めるためにはこの点に気を付けなければならない。

⑦風土・土壌

先行開発では、ものづくりの姿勢をWAYと表現すると、守りのWAYと変革のWAYがあった。未知を切り開く活動は、高い目標への挑戦と新たな技術を開拓する変革のWAYをより重要視せねばならないと述べた。

量産設計では、守りのWAYがどちらかというと大切である。守りのWAYは、品質、コスト、納期である。守りのWAYのために大切なことは以下の通り。

①～⑥までの設計力の知見や仕組みがあっても、やりきるマインドがないと結果は期待できない。やらされ感や、形式的ではない取り組みが必要となる。形式的とは、設計プロセスの項目を抜けなくやることが目的となり、中身が2の次となってしまうことである。

表4.4 先行開発と量産設計の設計力比較

設計力要素	先行開発段階の設計力	量産設計段階の設計力
1. 設計プロセス	・システム動向調査・製品動向調査 ・ベンチマーク・真のニーズの把握 ・ダントツ目標値設定・達成技術立…	・構想設計・詳細設計 ・試作品評価・実車搭載確認 ・実車耐久評価…
2. 技術・知見・ノウハウ	・豊富な開発成功事例 ・類似品の要素技術 ・製品固有の技術…	・蓄積された過去の失敗事例集（過去トラ） ・製品別固有技術 ・製品間に共通する要素術…
3. ツール	・阻害要因打破（ブレークスルー）のための発想法 ・なぜなぜ分析、機能展開・VE…、CAD/CAE…	・未然防止（FMEA・FTA…） ・ロバスト設計（パラメータ設計・公差設計…） ・多種QC手法　・CAD・CAE
4. 人組織	**技術屋＋開拓者** ・課題把握力・情報収集分析力 ・システム理解力・ベンチマーク力 ・チャレンジ力・実機調査力 ・実験力・ロードマップ活用力 ・課題を打破するやり抜く気概・情熱… ・チームのモチベーションを上げるリーダーシップ力	**設計者≠技術屋** ・技術検討、特許、研究発表… ・組織間の調整 ・顧客との技術折衝…
	・クロスファンクションチーム ・専門メーカーとの共業…	・コンカレント活動、横断的チーム活動
5. 判断基準	・開発目標値・類似品設計基準 ・標準設計基準	・設計基準・材料選定基準 ・耐久評価基準及び根拠
6. 議論・決裁	・節目開発会議（議論と決裁） ・要素作業毎個別開発会議	・全体DR、個別DR（議論） ・決裁会議（決済）
7. 風土・土壌	・リスクをとる風土 ・失敗してもチャレンジを評価する風土	・ものづくりWAY（守るべきWAY、変革のWAY）

⇓　　　　　　　　　　　⇓

　　未知の開拓力　　　　　100％やりきる力

形式化する代表的な取り組みに、DRや決裁会議がある。"DRは参加するだけでは意味がない"のである。品質ツールに使われてはいけないのである。"FMEAはやるだけでは意味がない"のである。形骸化することなく、真剣勝負で取り組まねばならない。それができる風土・土壌がある職場であらねばならない。

　表4.4は、今まで述べてきた量産設計の7つの設計力を、先行開発のそれと対比したものである。この表からも明らかであるが、求められる設計力は、先行開発は"未知を開拓する力"、量産設計は"100％やりきる力"である。

4-3　先行開発を量産につなげる7つの設計力まとめ

　本章で述べた量産設計の設計力と、第2章で取り上げた先行開発の設計力との要点を比較する。

(1) 量産設計の設計力とは

　量産設計の設計力は、顧客の信頼を得る取り組みのためにある。ダントツ目標値を含む設計目標値を、品質120％で達成を目指すものである。一方で、先行開発の設計力（第2章）は、世界No.1製品としてのポテンシャル確保の取り組みのためにある。ダントツの目標値を設定し、技術的課題であるネック技術を見出し、その技術的目途付けを目指すものである。

(2) 量産設計の設計力と先行開発の設計力は全循環的スパアイラルアップ

　量産設計をやり抜くと、そのノウハウが積みあがり基盤技術のレベルが上がる。すると、今迄よりも高い技術レベルの先行開発に取り組める。先行開発と量産設計は互いを高め合うスパイラルアップの関係にあ

る。従って、それぞれを愚直にやりきらなければならない。

　基盤技術が上がるとは、職場と個人のレベルが上がることだ。個人と職場もスパイラルアップする。

(3) 量産設計の流れ

　量産設計の基本プロセスは、①設計目標値の設定、②構想設計、③詳細設計、④試作品手配と試作品評価、⑤量産出図である。一方、先行開発の基本プロセスは、①開発製品の選定、②ダントツ目標値の設定、③ネック技術の目途付けであった。以下に、量産設計の基本プロセスをまとめる。

①設計目標値の設定

- 商品仕様は必要条件

　商品仕様はお客様の"うれしさ"やニーズを技術的にまとめたものであり、車では、車両メーカーがシステム上必要とする機能や性能など。

- 製品仕様（設計目標値）は必要十分条件

　製品仕様（設計目標値）は、商品を実現するために機能、性能、品質、コストなどを造る側の立場で表現したもの。自動車部品では、車両メーカーから提示された商品仕様を定量化し、車両環境、市場環境を考慮し、安全率や余裕度を加味し、ものとして具現化するための表現。

- 設計目標値は定量的根拠を持つ

　納入先の要求値、競合メーカーの実力、自社の従来品の実力、この３条件の全部か一部を考慮して設計目標値を決める。

　重要な製品は、３条件を"AND"で考えなければならない。

- 設計目標値の変化点を把握する

　構想設計、詳細設計で重点的に取り組む目標値の変化点を抽出する。

②**構想設計** – 見極めと実施事項
・システム概要と製品の役割
・製品基本コンセプトと設計目標値
・故障した場合の上位システムへの影響
・TOP事象回避への方針
・構想図作成
・競合他社品調査結果と構想図を比較し優位性を確認
・バラック品を用意し機能、性能の確認
・特許出願予定作成と他社特許への抵触有無調査
・量産設計の開発体制確保
・量産設計のスケジュール、及び量産開始までの大日程作成

③**詳細設計**

　構想設計を経ると、具体的な設計課題が分かる。この課題への対応策を検討し、その対応策の安全率や余裕度を見極める。
・課題への対応策を決める
・対応策に従い設計検討し、安全率や余裕度を見極める
・重致命故障を防ぐ安全設計の処置をする
・上位システムへの安全設計
・開発製品の安全設計
　TOP事象につながる故障を起こさない
　FH（火災）を起こさない

④**試作品手配と試作品評価、**
・初期性能は、適切なn数に基づく、安全率を見極める
・耐久評価は、項目と条件は根拠を持って決める
　評価項目選定の根拠とは、考え方と着眼点
　試験項目と条件は、顧客から提示される条件に留まらず、$+\alpha$の条件が追加できるかが重要

⑤量産出図
①〜④の基本プロセスをやりきったとの判断の下、次工程へ量産図面を送る。

(4) 量産設計の7つの設計力－先行開発の設計力と比較

量産設計の設計力は、初期及び耐久評価後の設計目標値を120％品質で達成する取り組みに必要な要素であり、先行開発の設計力は、ダントツ目標値の目途付けをする取り組みに必要な要件である。

①設計プロセス
- 先行開発プロセスは、システム分野選定、製品選定、真のニーズの把握、ベンチマーク、ダントツ目標値設定、技術の確立、節目開発会議など40近いステップ
- 量産設計プロセスは、構想設計、詳細設計、パラメータ設計、DRBFM検討会、過去の失敗事例反映、試作品評価、使用環境調査、仕入先DR、節目DR、決裁会議など多数のステップ
  共に、基本プロセス、サポートプロセス、マネジメントプロセスから成る。

②蓄積された技術的やノウハウ
- 先行開発は、未知の技術を切り開き、新たな知見を得る。従って、豊富な成功事例が大切。もちろん、基盤技術がしっかりしていることが前提である
- 量産設計は、先行開発で切り開いた未知の領域の質を高める取り組み。従って、過去の失敗事例から学ぶ知見が大切
- 品質不具合の多くは繰り返しである。経験した原因を今の仕事に関連付けることが難しい
- 経験から得られた教訓を残すには
  技術上の教訓、もう一つは管理上の教訓
- 残された教訓を活用するには

一歩一歩改善できる企業が、世界一効果的なシステム構築できる可能性がある

③各種ツール
・先行開発は、阻害要因打破のための発想法、最新のシミュレーション手法など
・量産設計は、品質管理手法、CADなど様々なツールを場面に応じて使いこなす

④人と組織
・人は、先行開発では、未知の領域を切り開く"設計者＋開拓者"。量産設計では、組織間の調整力と顧客との技術折衝力を持った設計者（≠技術者）
・組織は、先行開発は、全社的な組織活動、例えばクロスファンクショナルチーム活動。量産設計は、関係部署のコンカレント活動

⑤判断基準
・先行開発は、開発目標値の4要件、職場で積み上げられてきた基準類など
・量産設計は、質を高め、抜けをなくする取り組みであり、職場で積み上げてきた知見・ノウハウを基準化したそのもの。なお、設計内容に対しての判断基準と実施項目に対しての判断基準に2分類できる

⑥検討／議論・審議／決裁
・先行開発は、大きな目標設定とその実現に向けた技術的な取り組みであり、チャレンジと大胆な活動が大切。検討・議論と決裁を同時に行うのが良いであろう
・量産設計は、抜けのない、綿密な取り組みが必要。検討・議論（DR）と審議・決裁は別の会議体にするのが望ましい

⑦風土・土壌

第4章 先行開発を量産につなげる7つの設計力

・先行開発は、高い目標への挑戦と新たな技術を開拓する変革のWAYをより重要視
・量産設計は、品質、コスト、納期の厳守、守りのWAYが重要だが、変革のWAYも必要

以上、先行開発は"未知を開拓する力"、量産設計は"100％やりきる力"である。

第5章

ダントツ製品を目指した取り組み事例

第5章　ダントツ製品を目指した取り組み事例

　本章では、ダントツを狙った複数の取り組み事例を紹介する。コスト1/2の達成、ダントツのスピードでお客様に満足いただいた実際の例である。

5-1　コスト1/2を達成した例

　百円コイン1、2枚で造ることができる部品点数が少ない製品でも、ダントツを狙い、コスト1/2を達成できる。その取り組みを紹介する。
　筆者は、エンジンへの吸入空気の温度を測定する吸気温センサを担当したことがある。世界でこのセンサを複数社が造っていたが、市場のすみ分けができていたので、生産量は安定していた。しかし、1990年代に入ると急激に円高が進み、価格破壊が進んだ。海外メーカーが安値攻勢を仕掛けてきたのである。
　車の生産台数の増加と共に、このセンサの需要は右肩上がりが見込まれていたが、価格破壊を受けて、撤退も議論され始めた。そこで筆者は、成り行きに任せるのでなく、円高を乗り切るべく取り組みを開始した。すなわち、ダントツのコストを掲げ、開発をスタートしたのである。その取り組みのプロセスは以下であった。

【ダントツコストを掲げた取り組み】
　Step1. ワールドワイドな他社製品調査
　　　－構造差調査
　Step2. ダントツ目標値設定
　　　－目標値はコスト1/2
　Step3. 開発方針
　　　－部品点数1/2以下、及び手組をやめて、全自動組み付けができる構造

Step4. ネック技術
　－サーミスタ（温度検出素子）とターミナル接合部の半田応力の安全率確保

Step5. 技術の目途付け
　－樹脂流れ解析と熱伝導解析による理論付け、試作品による検証の組み合わせとし、クロスファンクショナルチームで乗り切る

以下で、具体的な説明をする。

他社製品調査から、当時の製品構造を**図5.1**に示す。基本構造は競合メーカーも基本は同じであった。

自社の組み付け工程は、以下のように手作業で多くの人工がかかっていた。

・サーミスタと2本のリード線の半田付け
・半田付け部を樹脂コーティング（サーミスタ sub-assembly）
・リード線へ保護用チューブ挿入
・ターミナルとリード線のスポット溶接（ターミナル sub-assembly）
・ターミナル sub-assemblyと樹脂コネクタ部品を組み付け（コネクタ sub-assembly）

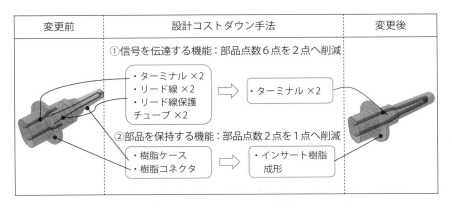

図5.1　常識にとらわれない発想で部品点数1/2、コスト1/2

・コネクタ sub-assembly と樹脂ケースを組み付け

　工程は全て手作業であった。その理由は、リード線が細く剛性が低いこと、及びコーティングのようなバッチ処理にあった。そこで、開発方針でこれらの全自動化を目指し、課題を乗り越える構造の検討を開始した。

　まず、リード線の剛性アップは、VE（Value Engineering）で対応した。それまでは、リード線とコネクタのターミナルは別部品であり、これが常識であった。この2部品の機能は、サーミスタの信号の伝達であった。そこで、信号伝達の機能があれば良いとの観点で、リード線を廃止し、ターミナルにリード線の役割を持たせる設計とした。ターミナルを長くし、その先にサーミスタを直接半田接合する手法を取ったのである。

　コネクタのターミナルをリード線として使う発想は、当時は常識を覆す発想であった。ダントツコストの実現には、常識にとらわれないことが大切だ。このようにリード線をなくすることで、剛性が向上し、かつ絶縁チューブも廃止でき、全自動化に大きく前進した。

　もう一つ常識にとらわれない設計をした。剛性を確保したターミナル sub-assembly を、ダイレクトにインサート樹脂成形したことである。それまでは、サーミスタを入れる樹脂ケースを造り、そのケースにサーミスタを組み付ける方法が取られていた。これが常識であった。

　しかし、コスト1/2の達成は、従来の設計の延長線上ではできないとの観点から、樹脂成形の金型へターミナル sub-assembly をセットし、樹脂ケース、及びコネクタを一回の樹脂成形で形づくることにした。これで製品は完成である。このシンプルな方法にチャレンジしたのだ。

　しかし、大きなネック技術があった。樹脂成形時に流れて来る溶融樹脂からサーミスタとターミナル接合部の半田に加わる熱と応力のストレスへの対応であった。半田は応力に弱く、半田で強度を持たせる設計は

避けねばならない。強度を持たせる設計ではなくても、半田に加わる応力は安全率をしっかり見極めねばならない。ましてや、このように高温の溶融樹脂な中ではなおさらである。

このネック技術への対応は、要素技術の専門部署とチームを組んで取り組んだ。クロスファンクショナルチーム（CF）活動だ（**図5.2**）。メンバーは、半田の専門家、樹脂成形の専門家、樹脂成形の流れ解析の専門家、熱解析の専門家、量産工程の生産技術者、試作部などである。

当時としては最新の樹脂成形における流れ解析を取り入れ、成形時に半田接合部へ加わる応力と熱のシミュレーション解析を行った。接合部位の応力低減ができる形状や半田材料の検討を進めた。解析で絞り込みを、量産工程を踏まえながら試作検証を実施し、解を見つけていった。その結果、インサート成形に耐える半田接合部の設計を見極めた。樹脂単品部品を廃止し、組み付けもターミナルsub-assemblyに続く工程を廃止することができたのである。

ダントツのコスト1/2へのチャレンジした結果を図5.1に示したが、部品点数は11点を5点へ削減、かつ、組み付けは従来の手組から全自動化することで、ダントツの目標であるコスト1/2を達成した。

このように、部品点数が少ないシンプルな製品でも、常識にとらわれずに設計からチャレンジすれば、コスト1/2を達成できるのである。

VE	ネック技術	対応	
		CFチーム活動	取り入れた技術
機能統合 部品は11⇒5点 1/2	・リード線廃止 ・サーミスタインサート成形 ⇩ ・サーミスタ半田部応力大	・設計 ・生産技術 ・試作部 ・機能部 （半田、成形専門） ・流れ解析部署	当時としては最新の樹脂成形流れ解析と試作による検証

図5.2　クロスファンクショナル（CF）チーム活動

5-2　ダントツのスピードを達成した例

　ABS（Anti-lock Brake System）の開発に携わった方から、開発当時の話をうかがったことがある。ABSをダントツのスピードで開発し、お客様に満足いただいた好例なので、以下に紹介する。

　その方の会社ではブレーキ分野は手掛けていなかったのだが、顧客からABS開発の打診があった。当時、ちょうど新分野開拓を模索していたタイミングでもあり、開発をスタートさせた。最大の課題は、開発期間が極めて短かったことである。搭載予定の車両のラインオフまでわずか1年半しかなかった。

　ところが、量産開始までわずか1年半しかないにもかかわらず、開発環境が全く整っていなかった。ABSの開発に必要な技術、知見やノウハウがなかったのだ。ブレーキは新分野なので当然ではあるが、開発に必要な実験室や評価などの設備もなかった。そして、開発要員は数名のみであった。

　先行開発の7つの設計力要素の、第2番目の技術的な知見やノウハウ、第3番目の各種ツール、第4番目の人と組織がなかった、もしくは、全く不十分であった。そこで、これらの要素を大至急整備しなければならなかった。早速、様々な工夫がなされた。

　技術を確保するための取り組みとして、まず、当時の世界TOPを走っていた先行メーカーと技術提携が行われた。短期間で技術力を付けるため、技術導入を行ったのである。技術導入前に、その企業のABSを性能、構造などを徹底調査したことで、導入する技術情報の詳細理解が迅速に進んだ。

　更に、早期の技術力向上のため、顧客との間で技術者の相互乗り入れを行った。顧客へ技術者を送り込むだけでなく、顧客から技術者を派遣

してもらったのである。技術者を顧客へ送り込むとともに、受け入れたわけだ。このことで、顧客がその会社が取り組んだ電子制御技術をより深く理解できた事、自社チームがブレーキ基礎情報をより深く理解できた事が相乗効果となり、急速に技術力が向上した。

更に、この相互乗り入れのおかげで、問題があるとリアルタイムで意見交換が可能となった。情報の伝達と課題への対応スピードが大いに向上したのだ。職場で時間をかけて報告書を作成、顧客へ報告、宿題を持ち帰り、その検討結果をまた報告するという、通常のサイクルをまわす手間が省け、開発スピードが向上した。

設備は、社内の古い建屋で空いている部屋を実験室として確保した。問題は評価設備であった。設備にはコストがかかるが、最大のネックは製作期間であった。評価設備は、仕様決め、手配、製作と時間がかかる。簡単なものでも半年ぐらいが一般的であろう。量産までが1年半しかない状況では、半年は論外であった。

そこで、設備の手配が必要でない方法を工夫した。実車の活用である。それまで、エンジンベンチでの評価はあったが、実車での評価は行われていなかった。その常識にとらわれず、実車を評価設備と位置付けたのである。

実車で評価すると、ユーザーの立場での評価や車としてのニーズが把握でき、設計目標値を明確な根拠を持って決めることが可能となった。車は短期間で手に入り、かつ、専用設備よりも安い。一挙両得な方法であったのだ。以降、この会社では、実車を使った評価が定着した。

次に、開発スタート時は数名であった人的パワーの強化が急がれた。まず、会社のトップに、安全分野こそ今後成長が見込めることを理解してもらう活動を行うと共に、ABSの開発を認識してもらった。そうすることで、トップが評価に参加し、開発メンバーに直接声をかける機会も増えた。そして何と言っても、メンバーのモチベーションが一気に高

くなった。メンバーのモチベーションアップは、開発の効率化とスピードアップに効果大であった。開発要員も順次増強でき、開発体制の確保も急ピッチで進んだ。

このように、常識や慣習にとらわれない工夫と果敢な実行が、ダントツのスピード開発を可能としたのだ。お客様の満足を得たことは言うまでもない。

なお、量産準備では、会社のトップの参画が進んだことで、品質確保のため、機械工場をABSに適した環境にするための取り組みが、重点的に行われた。その結果、製品の立ち上がり品質を大きく向上させることができた。

このような様々な工夫の結果、大きな品質問題を出すこともなく非常にスムーズに生産を開始できた。順調に立ち上がれたので、初期モデルの設計手離れも良く、スムーズな機種展開と次期型開発に取り掛かることができている。

5-3 システムの変化点はダントツ新製品開発の機会

システムの変化点は新製品が生まれる機会であり、ダントツ目標値を狙える機会が多く存在する。

システムの変化点には様々なレベルがある。「2-2-2（4）」で取り上げた点火制御システムのように、電子制御化が4世代にわたり次第に進化した例、エンジンシステムがキャブレター方式から電子制御燃料噴射方式へ一気に飛躍した例、ヘッドランプシステムがハロゲンランプに代わりHID（high-Intensity discharge lamp）が初めて登場した例などである。

システムの変化点のレベルが違えども、変化したシステムには新製品が登場する。その新製品も様々だ。「1-6-1」項で新製品の分類を取り上げたが、その中の性能・機能・方式などが2ランクアップした次世代型や世の中で初めての革新的な製品が多いであろう。

　点火システムではスティックコイル、電子制御燃料噴射システムでは新方式フューエルポンプ、O_2センサー、ランプシステムではHIDのバラストなど、数多くの新規性ある新製品が登場してきた。

　変化したシステムで使われる新製品は、登場した時点では改良の余地が多々ある。もっと性能を安定させたい、もっと小さく、もっと軽く、もっと安く、システムに適合しやすくするなど、システム上の"うれしさ"が顕在化している場合が多い。潜在的なうれしさも、既存のシステムよりはるかに多いはずだ。

　このように、システムの変化は、ダントツ目標の項目と値の要件を満たす環境がある。今、自動車では、電動化や自動化に向けた取り組みが一気に進みそうな状況である。100年に一度の変革期と言われており、様々な新製品が出て来るであろう。ダントツの目標設定の好機である。

　ダントツ製品を目指した取り組み事例から言えることを、以下にまとめる。

- 部品点数が少ない、シンプルな製品でもダントツ目標を狙うことができる
    - →皆さんの担当製品はダントツ目標を狙える可能性がある
- 常識にとらわれずチャレンジする
    - →リード線はあるものとの常識を疑ったことがダントツにつながった
- 開発期間で他社を圧倒すれば、それもダントツ
    - →技術・情報の伝達スピード確保、開発実行体制の早期構築に効果があった

・システムの変化点は、ダントツ新製品の機会
　→システムの顕在化している"うれしさ"、潜在的な"うれしさ"は共に多い
・他にも、どのメーカーもやっていないからこそチャレンジする、他のメーカーが追随できないレベルを設定するなども、ダントツ新製品開発には大切なことである

第6章

淘汰の時代に生き残る設計者像

第6章　淘汰の時代に生き残る設計者像

　最近の技術の進歩は目覚ましい。しかし、技術がいかに進化しても、企業は競合への優位性を保たねばならいと巻頭で述べた。これは、企業が生き残るための普遍的な課題である。競合への優位性を保つには、設計、品質、生産技術、生産などが、それぞれの立場で役割を果たさねばならない。中でも、ものづくりの源流にある設計の役割は大きい。

　優位性の究極は、本書で取り上げた世界No.1製品を出し続けることであろう。そして、その実現の第一歩は、設計者がそうありたいと思い取り組むことである。そうでなければ、後工程がいかに素晴らしくても実現は難しい。それ程、設計者は重要な立ち位置にあるのだ。

　従って、設計者は世界No.1を目指して取り組んで欲しいし、それに相応しい設計者でありたいとの思いを持ち続けて欲しい。

　以下に、設計者のありようをまとめる。

6-1　世界No.1製品を目指す設計者とは

　世界No.1製品とは、ダントツの目標値を持つ製品であった。そのための設計段階は、先行開発と量産設計の取り組みが必要であった。

　先行開発はダントツの目標値を見出し、その実現のための技術的目途付けする取り組みであり、一方、量産設計は、先行開発で目途付けしたダントツ目標値を含む全ての設計目標値を120％品質で達成する取り組みであった。前者は世界No.1のポテンシャル確保であり、後者は顧客の信頼を得る取り組みである。

　先行開発と量産設計では、必要となる設計力が異なることはすでに述べた（表4.4）。これらを一言で表現すると、前者は未知の開拓力であり、後者は100％やりきる力であった。設計者はそれぞれの設計力を備え、伸ばしていかなければならない。

ここでは、先行開発と量産設計において、設計力を担う人材に焦点を当てる。

　先行開発に携わる者は、未知を切り開く開拓者であらねばならない。職場や技術的課題を見出せねばならない、かつ、見出した課題は基盤技術のみでは直ぐに解決できいな場合が多いが、その課題を乗り越えねばならない。

　そのためには、課題把握力・情報収集分析力・システム理解力・他社製品調査力・ベンチマーク力・特許調査力・実機調査力・実験力・ロードマップ活用力・システム動向情報収集力・特許出願力など、様々な素養が必要だ。ルーチンワークのスキルだけでは、とうてい対応できない。

　これらの素養を備えるには、チャレンジ・課題を打破するやり抜く気概・情熱などを持たなければならないし、メンバーのやる気を引き出すリーダシップ力も重要になってくる。そして、新たな技術力獲得への挑戦、新規製品への挑戦など、果敢な行動力、チャレンジ精神がなければならない。リスクを恐れすぎない取り組みができなければならない。まさに変革を意識した取り組みが必要だ。挑戦者であり変革者であらねばならない。

　一方、量産設計は、先行開発からのアウトプットを、品質、コスト、納期100％を持って達成する取り組みである。このため、抜けのない、確実な取り組みができなければならない。

　そのためには、職場に積み上げられた知見やノウハウをしっかり活用できる技術者であることが必要である。これは当然として、それだけでなく、組織間の調整ができなければならない。

　量産設計は、多くの職場のメンバーが同じ目標に向かって取り組むチームプレーで成り立つ。従って、設計、品質、生産技術、生産、調達、企画など立場の異なる関係者が同じ目標に向かって取り組めるよ

第6章　淘汰の時代に生き残る設計者像

う、関係者全員のベクトルを合わせることができる、リーダシップ力を持たねばならない。

　更に、顧客の信頼を得るための、顧客との技術折衝力も必要だ。量産設計段階では、何度も顧客との打ち合わせを持つことになる。顧客の要求をしっかり受け止めるとともに、逆に、自社の技術的な見解を主張すべき場面もあるだろう。しっかり議論を戦わせ、技術的な整合点を見出すことができねばならない。

　量産設計は技術者であるとともに、多くの組織をまとめるリーダシップ力、顧客の信頼を得るプレゼンテーターとしての技術も必要だ。そして、品質、コスト、納期を守り厳守できなければならない。これらが全て備わって、初めて量産設計における設計者と言える（**図6.1**）。

　先行開発で多いのは、せっかく優れたアイデアを持ちながらも、最初からあきらめてしまったり、なかなか実行に移さないケースだ。また、量産設計では、日程が遅れがちになると、やるべきことを形式的に行ってしまう、パスしてしまう、コストは少々上がっても仕方がないと思うなどのケースがある。どちらも設計者とは言えない。これらが最大の課題であろう。

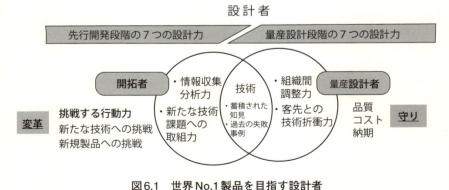

図6.1　世界No.1製品を目指す設計者

このように先行開発と量産設計では、求められる設計力が異なり、そのため、求められる設計者像も同じではない。同じ部隊が先行開発と量産設計を行うのか、異なる部隊が行うのかは職場や会社により異なるであろう。

　同じ部隊が両段階を担当する場合は、メンバーが変わらないので、先行開発の技術を量産設計へスムーズに繋ぐことができる。両段階を経験でき、両方の設計力を備える設計者として守備範囲が広がる。一方で、先行開発と量産設計の設計力、あるべき人物像はかなり異なる。同じメンバーで両段階に取り組む場合は、メンバーが先行開発、もしくは量設計に偏らないよう構成に配慮が必要だ。

　先行開発と量産設計の部隊が別の場合は、それぞれの段階に相応しいメンバー構成が可能となり、取り組みレベルが維持できる。結果として、先行開発の部隊は先行開発の設計力を伸ばすことができ、量産設計も同様である。しかし、先行開発から量産設計への移行はスムーズに繋がらないこともあるため、手間取ることになる。また、設計者は、片方の段階しか経験ができないため守備範囲は限られることになる。

　設計者が、先行開発と量産設計のそれぞれの設計力を伸ばすには、日々、伸ばしたい設計力を意識し、内容を意識し、形式に陥らない取り組みを行うことである。しかし、これが何と言っても難しい。時間に追われたりリスクを恐れたりするあまり、簡単に妥協してしまうケースが多いからである。

　先行開発と量産設計のどちらにおいても、易きに流れないよう是正を設計者自身に任せるのは現実的に難しい。こうした点では、職場の風土が大切になってくる。

　こうした事項は、すでに先行開発と量産設計の7つ目の設計力要素で取り上げた。そこでは、変革のWAY、守りのWAYが必要と説いたが、これらのものづくりWAYを職場に根付かせることは容易ではな

い。

　筆者の経験を振り返ると、風土とは職場の雰囲気であり、その雰囲気には、職場の管理者に、特にその職場の最上位の管理者のありようが大きく影響していた。つまり、最上位の管理者には、先行開発、量産設計の6番目の設計力要素である節目開発会議、デザインレビュー、決裁会議を充実させ、その場を真剣勝負で臨む場にする事が求められているのだ。報告者はプライドを持って臨み、審議者はその相手に相応しい心構えで受け止める。真剣勝負の場である雰囲気を醸成するのは、職場のトップのありが大きく影響する。そのような設計力を伸ばす場があるということは、設計者にとって幸せなことであり、設計力の向上に効果が絶大であった。

6-2　自然はだませない
－設計力で乗り越えるべきもの

　今日、地球からはるか遠くのごく小さな惑星から岩石を持ち帰ることも可能なまでに科学技術は進歩した。もし、人・もの・金を投入し、かつ、時間を十分にかけられるものならば、つくれないものないと言っても過言ではないだろう。しかし、現実はそうはいかない。製造メーカーの多くは、必要最小限の経営資源と限られた時間の中で、ものづくりに取り組んでいる。

　自動車の国土交通省へのリコール届出数は毎年200〜300件で推移している。この現実は、進歩した技術があるだけでは（職場に潜在的に技術があっても）限られた経営資源と時間の下で行われる大量生産品のものづくりは対応しきれないことを示唆している。すなわち、技術があることは必要条件ではあるが、十分条件とはならないのである。

そこで、その十分条件として本書で取り上げている設計力があり、その設計力を充実させることが必要なのである。それでは、なぜ設計力が必要なのか、設計力は何を乗り越えようとしているのであろうか。

　筆者は今、机に向かってパソコンでこの原稿を作成している。上を向くと蛍光灯が目に入る、横を見ると壁と窓と本棚などが視界に入る。私たちのまわりはものであふれている。

　人間はこれまで、実に多くのものを造ってきた。しかし、無から造り出したものはあるかと問われたら、何もない。そのことに、驚きを持って気づく。

　何のことはない、私たちは地球にあったものを吸い出し、掘り出し、生えているものを伐採し、それらを加工してきただけなのだ。ものづくりには、限りなく複雑・高精度な加工もあるだろう。しかし、それでも、ものづくりとは、所詮は私たちのまわりに元々存在するものに手を加えただけである。この元々存在するものを自然と呼ぶ。人間はこれまでずっと自然を加工してきた。つまり、ものづくり（製造業）とは「自然を加工する業」なのだ。

　筆者は、自動車部品の設計を数多く経験したが、常に失敗の連続だった。技術的な課題を一つずつ潰していくが、最後まで残った課題はなかなか解決しなかった。仮説と検証を繰り返し、半年、一年はあっという間に過ぎた。失敗し続け、偶然などあり得ないことを学んだ。

　車載製品に使われているゴム部品で経験した失敗がある。変性したガソリンが、ゴム材料を構成している高分子結合を切断した。耐久評価で問題なしと判断して出荷したが、市場で破損してしまったのだ。社内と納入先では承認が取れたが、市場、すなわち自然は理論に反したものを承認しなかった。

　この経験を言い換えるとこうだ。自然は理論で動いている。ゆえに、自然を加工する業の取り組みは、理論に沿っていなければならない。

このことが、設計の本質である。そして、設計の乗り越えるべき課題である。具体的に言うなら、"図面に書かれたことは全て理論で説明できねばならない。かつ、試験・実験で理論が間違っていないことを検証せねばならない"ということだ。

これまでいろいろな方に、「設計の取り組みでは、全て理論で説明し試験・実験で検証していますか」と聞いてきた。ほとんどの場合は、「そのように取り組んでいます」と返ってくる。そこで更に問いかける。「一枚の図面に寸法が100箇所あるとします。全て理論で説明できるとは、100箇所各々の寸法値の根拠を説明できることです。例えば、$20±0.1$に対し、0.05と厳しくなくてよいのか。逆に、ラフな0.2ではいけないのかと聞かれたら、理論と検証データで説明できますか」。そうすると、多くの人がやっとことの大変さに気づく。

簡単な自動車部品でも10から20の部品から構成される。そのため、部品図、sub-assembly図、仕様図、組立参考図、assembly図など書類の枚数は多くなる。書かれたデータは膨大であり、寸法だけでも何千箇所に上るだろう。そして、何千箇所あろうとも、そこに書いたからには理論と検証データで説明できなければならない。

品質的に重要な部位や心配な個所は、理論と試験・実験の取り組みを行う。しかし、この部分だけはしっかり検討しようと取り組んでも、やりきるのは簡単ではない。ましてや、限られた人、もの、金と時間の下で行われるものづくりは、以前からこうだった、そのため、まあこれぐらいで大丈夫だろうと、見切り発車で進めることになる。

しかし、自然はそのことを見逃さない。市場クレーム、リコールというしっぺ返しで答える。すなわち自然は騙せないのである（**図6.2**）。

従って、理論に則り、試験実験で検証することを進めなければならない。そのためには、限られた経営資源と時間の下で、職場の技術を最大限活かす取り組みをしなければならない。それには、工夫された管理や

```
┌─────────────────────────────────┐
│  「自然（市場）はだませない」      │
│  製造業とは自然を加工する業        │
└─────────────────────────────────┘

┌─────────────────────────────────┐
│  図面に書かれたことは全て理論で説明でき、│
│  試験実験で検証できていなければならない │
└─────────────────────────────────┘
```

図6.2　設計力が乗り越えるべきもの

仕事の仕組みが必要だ。それが先行開発と量産設計の設計力である。すなわち、設計力とは、理論に則した設計を成し遂げることを目指すための手段なのである。

6-3　CADの前に座るまでが勝負、そのためには設計力を磨く

　次に、理論に則した設計を成し遂げること、つまり、図面に書かれたことは全て理論で説明し、試験・実験で理論が間違っていないことを検証しなければならないことを、具体的に説明する。

　つくられたもの（製品）の役割は、入力（インプット）から出力（アウトプット）を導き出すことである。もちろん、アウトプットはお客様にとって価値あるものでなければならない。だが、アウトプットは、期待する価値だけでなく、有害な効果や損失を生じさせる場合がある。この有害な効果や損失が、設計上の不具合である。「4-2（3）②」で取り上げた、アクセルペダルが戻りにくくなった例では、期待する価値である踏力だけでなく、摺動抵抗が増大するという有害な効果を生じた。

第6章　淘汰の時代に生き残る設計者像

なぜアウトプットに有害な効果や損失（劣化）が出るのか。これは、実は驚くほど平易なことが理由である。答えは、ストレスがあるからだ。製品は、ストレスがなければ永久に同じ状態で存在し続ける。劣化とは無縁である。しかし、現実にはストレスを避けることはできない。例えば、空調の整った室内でもオゾンはあるだろうし、コントロールされた室温も厳密にはストレスとなる。

このことを踏まえると、理論で説明し、試験・実験で検証するために行うべきことは自ずと決まる。それは次の3ステップである。まず、「製品に加わるストレスを把握する」こと。次に、「把握したストレスに対し設計的な処置を取る」こと。3つ目は、「設計的な処置の妥当性を評価する」ことである（図6.3）。

まず1つ目ストレスの把握について考える。ストレスはいくつかの種類があるが、ここでは環境のストレスを取り上げる。自動車部品は温

ストレス把握	設計処置	評価
・使用環境のストレス 　ー温度・振動・湿度・EMC… ・工程のストレス 　ー熱、干渉、応力… ・自身のストレス 　ー熱、応力・ノイズ… 全てのストレスを時間軸(例えば、20年、30万Km)を含め把握できているか	・INPUT×構成要素 ・要素×要素 ・要素×ストレス の交互作用を全て把握し、設計で漏れなくコントロールできているか	把握したストレスを加速試験条件で評価 評価項目と条件は、実際のストレスと100%相関がとれているか
100%	100%	100%

1箇所でも100%でなければ、設計に起因する不具合は起こる

図6.3　劣化に対する理論的な処置とは

度、振動、湿度、塵埃、電気ノイズなど、様々な種類のストレスに曝される。温度ストレス一つ取り上げても、設計保証目標期間を20年とすると、エンドユーザー全員の温度環境を満足する20年間の総温度ストレスの推定が必要だ。

例えば、温度分布と各温度別の累積時間の推定値を出す。ストレスの種類ごとに、20年間の総ストレスを推定することは大変難しい作業だ。けれども、優れた技術力は、この推定値の確からしさを高める。こうした場面で、各社の技術力が問われる。しかし、推定値はあくまで推定であることに変わりない。実環境と異なる可能性が残る。

2つ目のステップは、把握したストレスにより有害な効果や損失が出ないように、設計的な処置を取ることだ。そのために、ストレスが及ぼす影響を知り尽くす必要がある。

把握した温度（熱）ストレスで、製品を構成する部品Aが熱膨張したとする。部品AとBが接していると、BはAから押される。BがCに接していると、Aの膨張はCへ影響する可能性がある。このように、ストレスの個々の部品への影響だけでなく、部品間相互の影響も見極めなければならない。もちろん、見極めは定量的だ。その上で、全ての影響に対し設計的に処置を取る。例えば、安全率が確保できない場合の形状の工夫、更には材質グレードアップなどの対策をする。

ストレスは熱以外にも、振動、湿度など数多くある。この数多くのストレスに対し、個々の部品への影響と部品相互間の影響を全て見極め、設計的な処置を取らなければならない。しかし、製品の構成部品が数個あるだけで、組み合わせは膨大になる。この全ての組み合わせに対し、定量的な影響の見極めと、それを踏まえた設計処置は現実問題としてかなり大変な作業となる。従って、優先度を決めるなど、メリハリをつけた取り組みが現実的であろう。

3つ目のステップは、設計的な処置の妥当性を評価することである。

実車に勝る評価はないが、設計保証目標期間、例えば20年間市場で評価することは通常できない。従って、短期間で評価する。いわゆる加速試験で評価する。

その試験の項目と条件は、市場と100％相関があることが大切だ。しかし、把握した全てのストレスに対し、試験項目と条件が100％相関あると証明することはかなりハードルが高い。ここでも、企業の技術力が問われる。

製品の劣化だけでも、"図面に書かれたことは全て理論で説明でき、試験・実験で検証できていなければならないとは"、この3ステップを処置することである。設計力が必要なのだ。

CAD前に座るまでに、設計業務は程完了している。それが設計であり、そこには設計力がなければならない。

6-4　課題解決の99％は未だ5合目

お客様満足度100％は当然であり、今更と思われるであろう。しかし、生産者の立場で100％を目指すのは容易ではない。どういうことかというと、読者の方も、休日に消費者の立場の時には、納入された新車に少しでもキズがあれば、ディーラにひと言いうことになるだろう。一方、生産者の立場の時は、これだけ夜遅くまで頑張っているのだから、これぐらいのキズにクレームをつけるのは、お客様が神経質だと判断する場合もあるだろう。

そうなのだ、ここで言う100％とは生産者の立場で100％を目指すことである。設計段では設計者として100％を目指すことである。先行開発でも、量産設計でも、課題を抽出しスケジュールを立てる。時間軸に対し課題解決は一般的にS字カーブを描く（**図6.4**）。最初は課題を対処

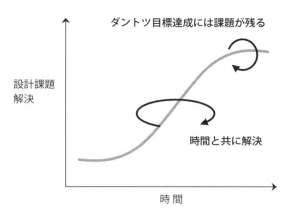

図6.4　課題は解決はＳ字カーブになる

するのに少し手間取っても、時間と共に課題は解決するであろう。大部分の課題は時間と共に設計処置がとられる、しかし、通常1、2個の課題が残るものだ。設計的に詰め切れない、いくら頑張ってもすっきりしない、このようなことを経験された方が多いのではないだろうか。

　2年間の設計期間があり、最初の1年で殆どの課題をつぶすことができたとしよう。しかし、1つだけ、課題が残ったのである。その残った1個の課題を何とかしようと、後半の1年間、毎日夜遅くまで取り組んだが、出図期限ぎりぎりまでもつれ込む。こうした経験は、筆者だけではないだろう。

　このような状況になった時に、諦めるか、あくまで正面突破を選ぶかが、生産者の立場の100％に直結する。諦めるとは、部品点数が増えても仕方ない、体格は1mm大きくなるがやむを得ない、コストは上がるが品質不具合を出すよりはましだなどである。すっきりしないが、大きなことにはならないだろうと進めてしまうこともあるのではないだろうか。

　しかし、このような妥協する取り組みは、本来の設計目標値を満足し

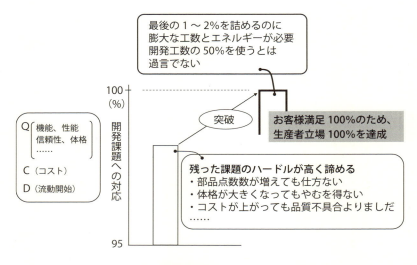

図6.5　設計課題解決の99%は未だ5合目

なくなる。従って、簡単ではないが、どうしても正面突破を目指さなければならない。

これはつまり、こういうことだ。課題の最後の1〜2%を詰めるのに、膨大な工数とエネルギーが必要なのである。ここに、開発工数の50%を使うと言っても過言ではない。これが設計現場の実態であろう。設計的にあくまで100%を目指して取り組むか否かは、天と地の差がある。課題解決の99%は未だ5合目なのである（**図6.5**）。

6-5　世界No.1を目指した経験者の言葉

筆者はものづくりの伝承に取り組んでいる。ものづくり分野を経験した多くのベテラン（OB）が集まっている。全員がものづくりに豊富な経験があり、その経験を活かし、人材の育成、職場での課題解決に取り

組んでいる。

　メンバーは、開発設計、品質、生産技術、生産など様々な分野の経験者である。仕事は異なっても、お客様により満足いただくために、競合に対して少しでも優位に立つために取り組まれた方々ばかりである。世界No.1製品を手掛けられた方も多数参加いただいている。そうでなくとも、より良いものを世の中に出そうと情熱をもち続け、新たな目標に向かってチャレンジされてきた方々である。

　そのようなものづくりの最前線で活躍され、現在は当社のメンバーの方々に、ものづくりにとってどのようなマインドが大切かを聞いてみた。経験された製品、工程は異なっても、ものづくりへの思いは、みな同じであった。

　それは、
・常識にとらわれない
・失敗を恐れず、チャレンジする
・失敗は貴重な財産、失敗を多くすると、多くを学ぶ
・まずはやってみる
・考え抜いて本質を理解する
・事実をしっかり把握する
・できない理由でなく、どうしたらできるかをまず考える
・業務遂行ではなく問題解決型であること
・迷ったときは、苦しい方を選べ
・（情報＋経験）×執念、執念が0ではアウトプットは0

であった。

　ここには、特別な、奇をてらうような言葉はひとつもない。誰もが聞いたことがあり、そうありたいと思っている言葉ばかりだ。

　しかし、ものづくりの本質がこれらの言葉にはある。ものづくりとは、特別な取り組みを行う場ではなく、目標は高く掲げ、基本に則り、地道

に、しかし着実に、一歩一歩、すなわち愚直に取り組む場なのだ。ベテランのこれらの言葉は、それを裏付けている。

　志を高く持ち、その達成に向かって、立ちはだかる課題に果敢に挑戦する。それが、本書が取り上げた世界No.1製品の達成に、もっとも大切なことなのである。

おわりに

　数年前に、世界初のものづくりを紹介するTV番組があった。何度も見た。感動したからだ。筆者も多くの方にその番組のことを伝えたが、残念ながらそれを聞いた人たちの反応は、必ずしも期待通りとはいかなかった。

　ものづくりは自分の想いをもので表現し、お客様の笑顔を実現する仕事である。やりがいの一杯詰まった世界だ。だが、楽ではない。同じ汗をかくなら、世界No.1を目指そうではないか。そうすれば、その取り組みの素晴らしさを実感できる。

　設計者に伝えたい。

　設計者は、世界No.1を目指し取り組める立ち位置にある。皆さんの思いが世界No.1を決めるのだ。世界No.1を目指そうと思うこと、それがスタートラインを切ることだ。逆に、設計者がそのように思わなければ、世界No.1は地平線の彼方へ遠のく。

　世界No.1は大げさなことではない。身近な取り組みだ。本書で取り上げたが、コイン1、2枚のコストでできる、部品点数が少ない簡単な技術で成る製品でも世界No.1を狙える。

　担当している製品を世界No.1にするとの思いを持って観てほしい。きっとものはあなたに語り掛ける。世界No.1の切り口を。

　世界No.1を目指しても、達成できるとは限らない。しかし、たとえ達成できなくとも落胆することはない。そのチャレンジは次の取り組みの糧になる。それはあなた自身、及び職場を成長させるのだ。そして、次の世界No.1を狙う取り組みを成功させる原動力になる。

　繰り返すが、世界No.1は設計者の思いで決まる。

おわりに

なぜ世界No.1を狙うのか、「そこに世界No.1があるからだ！」
これが設計者というものだ。
設計者たちの世界への挑戦と、その成功を祈る。

2018年2月　著者

索　引

【英数字】

2重故障処置 128
3次元磁場解析 38
AI 2、117
ATF（トランスミッションオイル）
　試験 130
CAE 125
FTA展開 127
IoT 2、117
MDB（Model Based Development） 141
PCT（Pressure Cooker Test）試験 130
QC手法 141
TOP事象 128
VE（Value　Engineering） 41
V字モデル 13、80、133
Wモデル 13

【あ行】

アウトソーシング 19
アウトプット 60、79、93、133
オートイニシャライズ機能 51

【か行】

開発重要度 101
過去トラ 84、136
管理上の教訓 137
管理上の原因 31
技術折衝力 174

技術報告書 144
技術マトリックス 41
クロスファンクショナルチーム
　　　　　　38、74、145、163
現場力 6
構想図 124
荒天準備 56
顧客へのプレゼンテーション力 143
コストメリット 56
コンカレント活動 139、145

【さ行】

差別化 31
差別化設計 34
時間軸 39、182
システムの整合性 106
システムの変化点 168
自然は騙せない 178
自然を加工する業 177
詳細設計 126
定石 30
商品仕様 9
正面突破 183
職場の基盤技術 11、37、67
真の原因 31
スパイラルアップ 116
成功例との比較 21、41
製品仕様 9

索　引

世界一製品 …………………………… 8
設計的対応 ………………………… 124
設計目標値 ……………… 119、155、183
潜在限界値 ………………………… 67
全社的な組織 ………………………… 74
全数検査 …………………………… 128
選択と集中 …………………………… 20
阻害要因 …………………………… 67
組織間の調整力 …………………… 143

【た行】
耐久評価品質 ……………………… 132
チェックシート …………………… 147
提案型の仕事 ……………………… 34
定性的 ………………………… 47、121
定量化 ……………………………… 121
定量的 ……………………………… 47
定量的な根拠 ……………………… 39
適切なn数 ………………………… 129
テクノロジー・プッシュ ………… 108
デザインレビュー ……………… 90、134

【な行】
なぜなぜ分析法 ……………… 22、31
抜き取り検査 ……………………… 128
ネック技術 … 11、37、67、72、81、164

【は行】
売価カーブ ……………………… 40、54
バラック品 ………………………… 91
人の総合力 ………………………… 74

品質機能展開 ……………………… 98
品質手法の考え方 ………………… 142
品質不具合 ………………………… 132
フィードバック ……………… 13、117
フェールセーフ …………………… 127
ブルーオーシャン思考 …………… 82
ブレーンストーミング …………… 82
ブレークスルー ……………… 67、148
フロントローディング …………… 6、23
変革のWAY ………………………… 85
変化点 ……………………………… 123
ベンチマーク ………………… 5、104

【ま行】
マーケット・プル ………………… 107
マイナス影響分 …………………… 68
守りのWAY ………………………… 85
未知を切り開く開拓者 …………… 173
求められる設計者像 ……………… 175
ものづくりの本質 ………………… 185

【や行】
やりきる力 ………………………… 13
有害な効果 ………………………… 179

【ら行】
ロードマップ ………………… 55、104
ロードマップ構築 ………………… 109

著者略歴

寺倉　修（てらくら　おさむ）

1951年　大阪府生まれ。
1975年　名古屋工業大学計測工学科卒。同 寺倉電気株式会社入社。
1978年　（株）デンソー（当時、日本電装（株））入社。
1999年　機能品技術2部設計室室長。
2003年　機能品技術3部開発室室長。27年間技術部で車載製品の開発・設計に従事。
2005年　（株）ワールドテック設立・代表取締役社長
　　　　開発・設計・品質・生産技術・生産などの製造業への社員研修・技術支援。
2006年　中部産業連盟講師
2010年　（財）企業活力研究所 '平成22年ものづくり競争力研究会' 委員
2017年　名古屋工業大学非常勤講師
学会発表　1998年　日本自動車技術会
　　　　　2001年　SAE（Society of Automotive Engineering）デトロイト

デンソー在席中の主な開発設計の実績
●日本初（機能は世界初）となる2種類のセンサを開発、レクサスへの搭載を実現
　・オートワイパ用レインセンサ［Toyota Lexus 1998］
　・AT用Hall IC方式カイテンセンサ［Volvo 1998］
●他、ボデー系、パワートレイン系20種類以上のセンサ、アクチュエータを開発

著書：「「設計力」こそが品質を決める―デンソー品質を支えるもう一つの力」
　　　「「設計力」を支えるデザインレビューの実際」（いずれも日刊工業新聞社刊）

執筆　車載センサの基礎2010（日経BP）
　　　機械設計の特集（日刊工業新聞社）
　　　「品質問題を未然に防止するDRBFMによる設計品質向上入門」他

講演：　東京大学大学院経済研究科MMRCで「設計力」など講演　他多数

「設計力」こそがダントツ製品を生み出す
やみくも先行開発を打破する7つの設計力

NDC500

2018年2月25日　初版1刷発行　　　　　定価はカバーに表示されております。

Ⓒ著　者　寺　倉　　修
　発行者　井　水　治　博
　発行所　日刊工業新聞社

〒103-8548　東京都中央区日本橋小網町14-1
電話　書籍編集部　03-5644-7490
　　　販売・管理部　03-5644-7410
　　　FAX　　　　　03-5644-7400
振替口座　00190-2-186076
URL　　http://pub.nikkan.co.jp/
email　info@media.nikkan.co.jp

印刷・製本　新日本印刷

落丁・乱丁本はお取り替えいたします。　　2018　Printed in Japan
ISBN 978-4-526-07774-6

本書の無断複写は、著作権法上の例外を除き、禁じられています。